Wiederholung
Rechnen bis 100 000

1 Ordne die Buchstaben zu.

14000 + 6000 = ______ A
56000 + 3000 = ______ A
56000 + 8000 = ______ H
39000 + 7000 = ______ N
26000 + 5000 = ______ R
45000 + 9000 = ______ M

39000 – 7000 = ______ K
67000 – 4000 = ______ T
45000 – 3000 = ______ I
71000 – 6000 = ______ E
24000 – 7000 = ______ T
19500 – 5000 = ______ S

14500	17000	20000	31000	32000

42000	46000

54000	59000	63000	64000	65000

2

a) 10000 + 15000 + 1000 = ______
20000 + 30000 + 4000 = ______
60000 + 8000 + 4000 = ______
9000 + 6000 + 10000 = ______

b) 90000 – 30000 = ______
75000 – 10000 = ______
47000 – 20000 = ______
66000 – 4000 = ______

3

a) 4 · 600 = ______
4 · 6000 = ______

b) 5 · 8000 = ______
5 · 800 = ______

c) 700 · 6 = ______
7000 · 6 = ______

4

a) 300 : 5 = ______
3000 : 5 = ______
30000 : 5 = ______

b) 45000 : 9 = ______
4500 : 9 = ______
450 : 9 = ______

c) 5600 : 8 = ______
560 : 8 = ______
56000 : 8 = ______

5

a)

	· 5	· 7
4000		
5000		
8000		
3000		

b)

	· 8	· 10
6000		
4000		
7000		
9000		

6

a)

	: 4	: 8
8000		
16000		
40000		
48000		

b)

	: 2	: 6
6000		
2400		
18000		
30000		

Schriftliches Addieren und Subtrahieren

1 Addiere die 3 Ergebnisse. Du erhältst eine besondere Zahl.

a)

	1	9	1	4	9
+	2	3	8	7	0

b)

		6	1	5	8
+	1	5	3	7	2

c)

	2	1	7	3	9
+	1	3	7	1	1

a)						
b)	+					
c)	+					

2 Subtrahiere. Addiere dann die 3 Ergebnisse.

a)

	4	5	6	1	8
–	3	4	1	5	5

b)

	7	3	6	4	8
–		7	2	0	6

c)

	8	3	9	0	8
–	7	2	9	2	5

a)						
b)	+					
c)	+					

3 Rechne in deinem Heft. Ordne die Buchstaben zu.

a)
3472,80 € + 2318,72 € S
80125,78 € + 17403 € N
52823,23 € + 2764,29 € A
47280,50 € + 9583,28 € R
45729 € + 37125,30 € L
24841,49 € + 73964,75 € D
46072,04 € + 37925,96 € A
28907,30 € + 11058 € A

5791,52 €	39965,30 €	55587,52 €	56863,78 €	82854,30 €	83998,00 €	97528,78 €	98806,24 €

b)
24251,92 € – 17784,36 € B
35792 € – 10825,50 € E
67241,51 € – 9649,75 € N
48201 € – 12497,35 € E
60833,21 € – 38293 € R
83725,70 € – 58276,49 € M

6467,56 €	22540,21 €	24966,50 €	25449,21 €	35703,65 €	57591,76 €

4 Welche Ergebnisse sind größer als 70000? Überschlage und kreuze an.
Rechne die angekreuzten Aufgaben in deinem Heft.

a)
☐ 37915 + 50253
☐ 52074 + 39205
☐ 52795 + 23246

b)
☐ 37520 + 39072
☐ 43852 + 27540
☐ 49372 + 12849

c)
☐ 25289 + 19740 + 15345
☐ 19745 + 8930 + 38108
☐ 22307 + 29505 + 32743

5 Welche Ergebnisse sind kleiner als 30000? Überschlage und kreuze an.
Rechne die angekreuzten Aufgaben in deinem Heft.

a)
☐ 82794 – 39725
☐ 79480 – 59085

b)
☐ 66728 – 40027
☐ 73038 – 45429

c)
☐ 83720 – 54895
☐ 88025 – 50287

6 Ergänze die fehlenden Ziffern.

a)

	1	3	3	4	0
+		8		3	
		1	8		4

b)

	2	5		4	
+	3	6	8		5
	6		2	9	3

c)

	6	9		5	
–	2		6		0
		7	3	1	7

d)

	6	8	4		
–		4		3	0
	2	4	1	8	5

Schriftliches Multiplizieren und Dividieren

1 Ordne die Ergebnisse nach der Größe. Beginne mit der kleinsten Zahl.

1 2 4 7 6 · 8 — N	2 3 7 6 9 · 3 — Ü	2 4 8 6 7 · 4 — E
9 7 3 4 · 9 — I	8 1 9 6 · 7 — H	2 9 4 2 5 · 3 — N
8 9 1 3 · 6 — T	1 9 6 7 5 · 5 — G	1 1 9 7 6 · 7 — R

Lösungswort: ___ ___ ___ ___ ___ ___ ___ ___ ___

2 Rechne in deinem Heft. Ordne die Buchstaben zu.

a) 2672 · 5 R
1090 · 8 E
6479 · 6 U
9591 · 4 F
7608 · 9 T
8713 · 7 R

b) 5778 · 17 N
4075 · 23 L
5773 · 12 B
2261 · 31 E
2743 · 29 R
2573 · 37 I

8720	13360	38364	38874	60991	68472

69276	70091	79547	93725	95201	98226

3 2 0 4 7 2 : 6 =

Probe

· 6

6 5 8 4 9 : 7 =

Probe

· 7

4 Rechne in deinem Heft. Ordne die Buchstaben zu.

6792 : 4 N
3905 : 5 H
4692 : 6 A
9704 : 4 O
31296 : 8 R
26614 : 7 E
27744 : 12 N
41591 : 11 V

781	782	1698	2312	2426	3781	3802	3912

5 Welche Ergebnisse sind größer als 10000? Überschlage und kreuze an.
Rechne die angekreuzten Aufgaben in deinem Heft.

a) ☐ 44288 : 8
☐ 21794 : 2

b) ☐ 45895 : 5
☐ 80563 : 7

c) ☐ 76200 : 4
☐ 85374 : 9

d) ☐ 94350 : 5
☐ 30729 : 3

6 Welche Aufgabe passt zum Text? Verbinde. Rechne in deinem Heft.

Jeder der 7 Reiseteilnehmer zahlt 854 €.

Die 7 Freunde gewinnen zusammen 854 €.

854 : 7 = ____________

854 · 7 = ____________

1 Vervollständige die Tabelle mit den Kilometerständen. Rechne im Heft.

Abfahrt	48582	15208		59258	60232	
Gefahrene km	516		735		708	472
Ankunft		15805	49833	60232		16277

2 a) Ein Lkw fährt von Kiel über Hannover und Bonn nach Karlsruhe.
Wie viel km legt der Lkw dabei zurück?

A: ______________________

b) Frau Höhne fährt von Nürnberg über Dresden und Berlin nach Rostock.
Wie viel km fährt sie insgesamt?

A: ______________________

Kiel–Hannover	239 km
Hannover–Bonn	313 km
Bonn–Karlsruhe	282 km
Nürnberg–Dresden	344 km
Dresden–Berlin	203 km
Berlin–Rostock	237 km

3 Auf einer Tour quer durch Deutschland sind die Fahrer Herr Krause und Herr Walter insgesamt 2719 km gefahren.
Davon fuhr Herr Krause 1289 km.

F: ______________________

A: ______________________

4 Ein Kurierdienst berechnet 1,50 € pro km. Berechne die Einnahmen für jeden Tag.

· 1,50   · 1,50   · 1,50

5 Für die Begleitung eines Schwertransports verlangt ein Unternehmen 4 € pro km.
Es werden 480 € in Rechnung gestellt.

F: ______________________

A: ______________________

1 Hilf den Reisenden in Osnabrück bei ihren Verbindungen.
Trage in die Tabelle ein.

a) Herr Rohen möchte gegen 12 Uhr in Bielefeld sein.
b) Frau Kombächer fährt in den Urlaub nach Westerland (Sylt).
c) Herr Schneider hat um 17 Uhr einen Termin in Stuttgart.
d) Sabine hat um 12 Uhr ein Vorstellungsgespräch in Münster.
e) Frau Walter ist zum Mittagessen mit ihrem Bruder in Hannover verabredet.
f) Herr Yilmaz kommt um 11.20 Uhr in Osnabrück an und muss umsteigen. Er möchte weiter zum Flughafen Frankfurt fahren.

	Abfahrt	Gleis	Ankunft	Fahrzeit
a)				h min
b)				
c)				
d)				
e)				
f)				

Osnabrück Hbf

10:37	IC 2113	Münster (Westf) 11:01 – Dortmund Hbf 11:33 ⊙ Essen Hbf 11:58 – Duisburg Hbf 12:11 – Düsseldorf Hbf 12:25 – Köln Hbf 12:49 – Bonn Hbf 13:12 – Koblenz Hbf 13:46 – Mainz Hbf 14:37 – Mannheim Hbf 15:21 – Heidelberg Hbf 15:34 – Vaihingen (Enz) 16:03 – **Stuttgart Hbf 16:22**	2
10:38	RE 4460	Bohmte 10:50 – Lemförde 10:57 – Diepholz 11:06 ⊙ **Bremen Hbf 11:50**	4
10:48	RE 60 14006	Ibbenbüren 11:06 – **Rheine 11:23**	12
10:48	RB 61 WFB 39615	Wissingen 10:53 – Westerhausen 10:57 – Melle 11:01 ⊙ Bünde (Westf) 11:12 – Herford 11:27 – **Bielefeld Hbf 11:48**	11
		11.00	
11:01	IC 1904	***URLAUBSEXPRESS MECKLENB.-VORP.*** Bremen Hbf 12:00 – Hamburg-Harburg 12:48 – Schwerin Hbf 13:56 ⊙ Rostock Hbf 15:01 – Ribnitz-Damgarten West 15:31 – Stralsund 16:26 – **Ostseebad Binz 17:31**	3
11:02	NWB 81315	Bramsche 11:17 – Bersenbrück 11:27 – Quakenbrück 11:40 – Cloppenburg 11:55 – Oldenburg (Oldb) 12:29 – Sande 13:08 – **Wilhelmshaven Hbf 13:18**	14
11:14	RB 61 WFB 39614	Ibbenbüren 11:29 – **Rheine 11:46** – **Bad Bentheim 12:03**	12
11:16	RE 60 14009	Melle 11:27 – Bünde (Westf) 11:37 ⊙ Bad Oeynhausen 11:55 – Minden (Westf) 12:06 – Hannover Hbf 12:50 – **Braunschweig Hbf 13:41**	11
11:19	RB 66 WFB 39703	Hasbergen 11:24 – Natrup-Hagen 11:28 – Lengerich (Westf) 11:32 ⊙ **Münster (Westf) 11:55**	1
11:23	IC 2310	***NORDFRIESLAND*** Bremen Hbf 12:14 – Hamburg-Harburg 13:00 – Hamburg Hbf 13:12 ⊙ Heide (Holst) 14:53 – Husum 15:18 – Niebüll 15:46 – **Westerland (Sylt) 16:34**	3
11:26	NWB 81367	Halen 11:35 – Achmer 11:39 – Bramsche 11:43 – Vechta 12:28 – Delmenhorst 13:25 – Heidkrug 13:29 – **Bremen Hbf 13:42**	14
11:35	RB 75 NWB 81590	Oesede 11:45 – Hilter 12:02 – Dissen-Bad Rothenfelde 12:06 – Halle (Westf) 12:24 – Brackwede 12:45 – **Bielefeld Hbf 12:50**	5
11:37	IC 2027	Münster (Westf) 12:01 – Dortmund Hbf 12:33 – Hagen Hbf 12:55 – Wuppertal Hbf 13:12 ⊙ Köln Hbf 13:46 – Bonn Hbf 14:12 – Koblenz Hbf 14:46 – Mainz Hbf 15:38 – Frankfurt/M (Airport) 15:59 – **Frankfurt (Main) Hbf 16:13**	2
11:38	RE 4462	Bomte 11:50 – Lemförde 11:57 – Diepholz 12:06 ⊙ Bremen Hbf 12:50 – Bremerhaven Hbf 13:31 – **Bremerhaven-Lehe 13:36**	4
11:48	RB 61 WFB 39617	Wissingen 11:53 – Westerhausen 11:57 – Melle 12:01 ⊙ Bünde (Westf) 12:12 – Herford 12:27 – **Bielefeld Hbf 12:48**	11
11:50	IC 144	Rheine 12:15 – Bad Bentheim 12:30 – Hengelo 13:04 ⊙ Amersfoort 14:23 – Hilversum 14:37 – Duivendrecht 14:56 – Amsterdam Zuid 15:01 – **Schiphol (Airport) 15:08**	12

2 Trage die Zugverbindungen von Osnabrück nach Bremen ein.

Zug	RE 4460	IC 1904	IC 2310	NWB 81367
Abfahrt				
Fahrzeit				
Ankunft				

3 Entnimm dem Fahrplan die Verbindungen.

Zug	RE 4460		IC 2113		IC 144	
Abfahrt	10.38 Uhr	11.16 Uhr		11.02 Uhr		10.48 Uhr
Fahrzeit		2 h 25 min				24 min
Ankunft	11.06 Uhr			13.18 Uhr		
Zielort			Köln		Schiphol	

Diagramme – Stadtentwicklung

1 Die Tabelle gibt die Altersverteilung der Einwohner von Hameln im Jahr 2006 an.

a) Runde die Zahlen auf Hunderter. Trage in die Tabelle ein.

b) Zeichne zu den gerundeten Zahlen ein Säulendiagramm.
Nimm 1 mm für 100 Einwohner.

Alter	0–15	16–25	26–40	41–65	älter als 65
Männer	4221	3224	5122	9749	5509
Gerundet auf H					
Frauen	4032	3212	5110	9985	8299
Gerundet auf H					

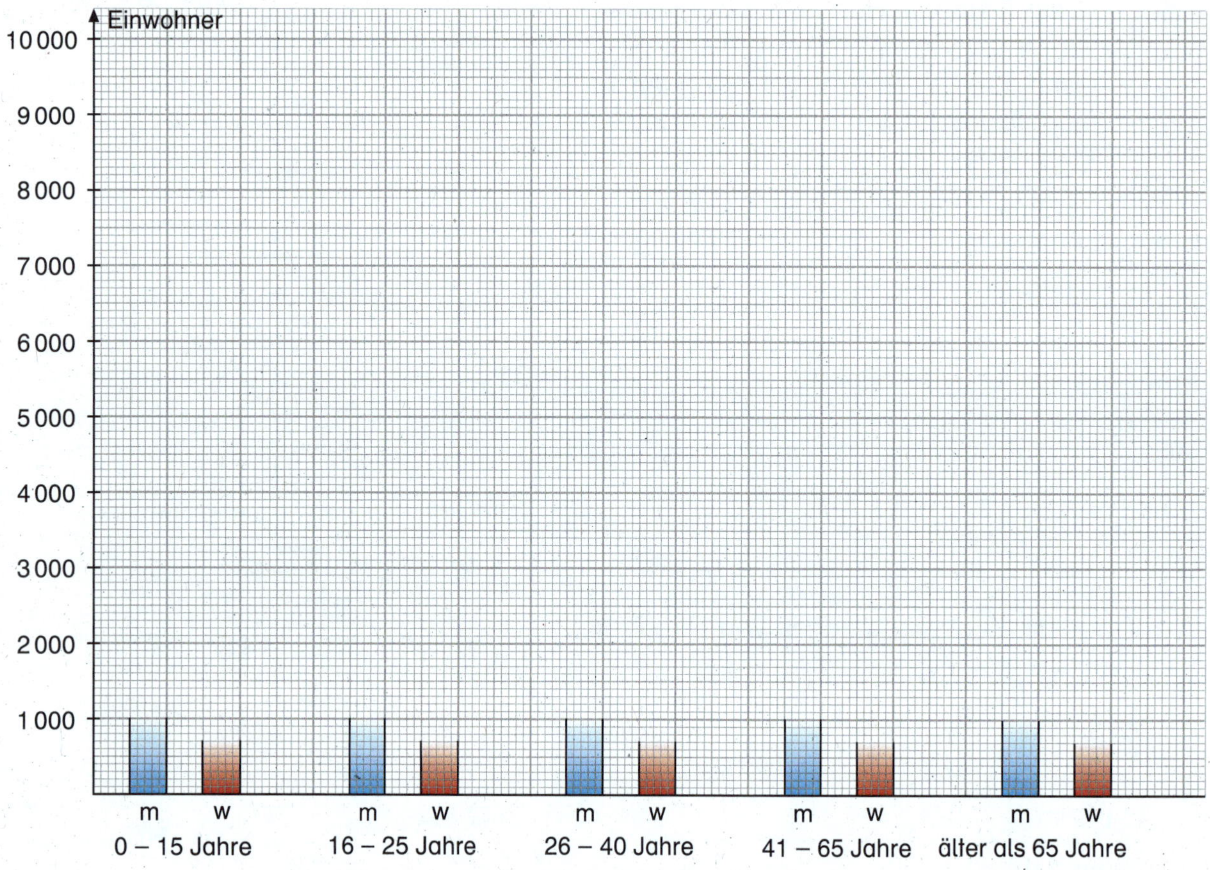

2 Lies die Besucherzahlen des Museums in Hameln ab.
Trage sie in die Tabelle ein.

Jahr	Besucherzahl
1999	
2000	
2001	
2002	
2004	
2006	

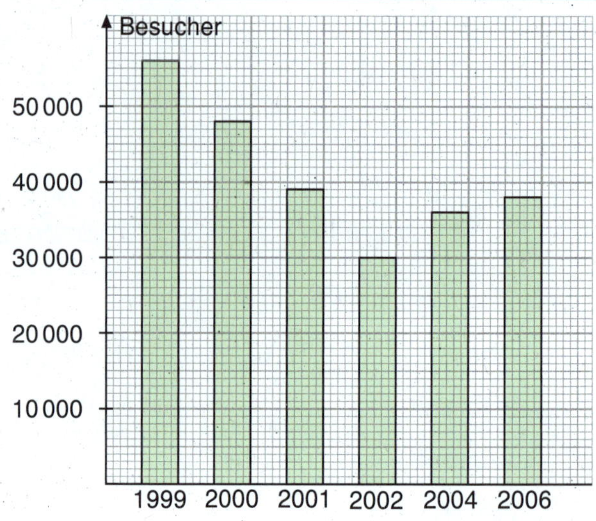

Zahlen bis 1 000 000
Zahlen darstellen und benennen

1 Trage in die Stellenwerttafel ein.

- 4 HT 2 ZT 5 T 3 H 6 Z 1 E
- 5 ZT 3 T 8 H 6 E
- 7 HT 3 ZT 6 H 4 Z
- 9 HT 6 ZT 2 T
- 4 ZT 8 T 9 E
- 9 HT 7 H 3 Z 5 E
- 5 HT 2 ZT 3 H 3 E
- 9 T 4 H 6 E

HT	ZT	T	H	Z	E	Zahl

2 Beim Aufschreiben der Zahlen wurden Fehler gemacht. Berichtige.

M	HT	ZT	T	H	Z	E	Zahl	
1	0	0	0	0	0	0	100 000	
	3	0	5	2	7	1	35 271	
	8	1	3	6	9	0	81 369	
		3	2	8	4	7	328 470	
	6	6	6	5	0	2	66 652	
	6	2	4	4	4	5	62 445	

3 Kleiner, größer oder gleich? Setze ein: <; > oder =

a) 63 498 ☐ 128 715
40 215 ☐ 440 215
13 140 ☐ 140 103

b) 356 000 ☐ 456 000
580 398 ☐ 518 260
805 613 ☐ 806 513

c) 112 221 ☐ 121 221
498 998 ☐ 498 998
205 112 ☐ 250 112

4 Bilde 6 Zahlen und ordne sie nach der Größe. Beginne mit der größten Zahl.

a)

b)

c)

Übungen am Zahlenstrahl

1 Wie heißen die Zahlen?

a)

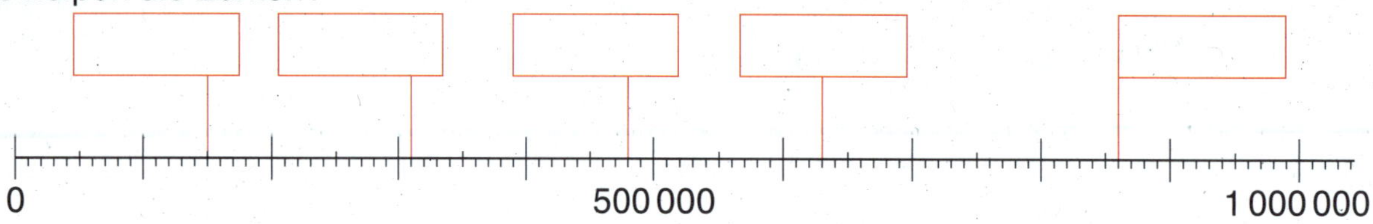

b)

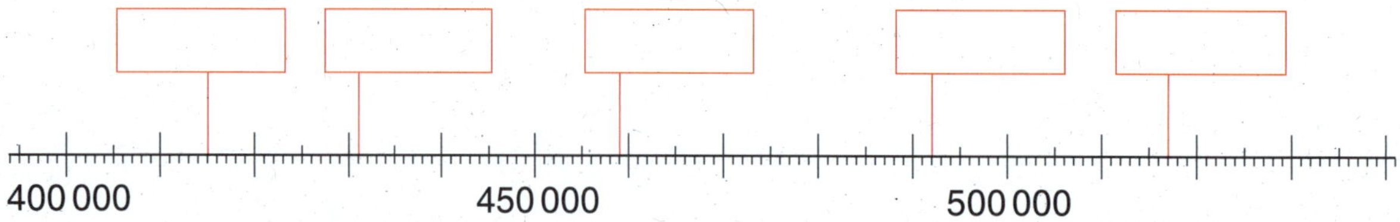

2 Ordne die Zahlen zu.

a) 234 000 | 269 000 | 295 000 | 336 000 | 361 000

b) 869 000 | 893 000 | 921 000 | 963 000 | 999 000

3 a) Färbe für die Zahl 371 246 in den angegebenen Farben

Vorgänger und Nachfolger	grün	371 240	400 000
Nachbarzehner	blau	371 245	371 300
Nachbarhunderter	rot	370 000	371 247
Nachbartausender	gelb	371 000	371 250
Nachbarzehntausender	lila	371 200	380 000
Nachbarhunderttausender	braun	300 000	372 000

4 Setze die Zahlenreihen fort.

a)	400 000	500 000					1 000 000
b)	80 000	90 000					140 000
c)	760 000	770 000					820 000
d)	330 000	320 000					270 000
e)	1 000 000	900 000					400 000
f)	130 000	120 000					70 000

1 Runde auf Hunderttausender.

a) 480 000 ______	b) 378 000 ______	c) 909 450 ______
230 000 ______	623 000 ______	791 004 ______
570 000 ______	516 280 ______	618 799 ______
120 000 ______	498 143 ______	450 255 ______
85 000 ______	701 309 ______	803 999 ______

2 Runde auf Zehntausender.

a) 273 000 ______	b) 518 500 ______	c) 418 123 ______
628 000 ______	265 120 ______	860 519 ______
345 000 ______	707 463 ______	503 678 ______
731 000 ______	961 288 ______	997 612 ______
408 000 ______	494 987 ______	200 491 ______

3 Runde auf Zehntausender.

a) 473 850 ______	b) 873 085 ______	c) 412 068 ______
759 299 ______	917 610 ______	655 070 ______
104 672 ______	246 873 ______	167 998 ______
536 406 ______	397 005 ______	73 607 ______

4 Schreibe in dein Heft.

a) Runde die Einwohnerzahlen auf Hunderttausender.

Stockholm		8	0	0	0	0	0
Den Haag							
Toulon							

b) Runde die Einwohnerzahlen auf Zehntausender.

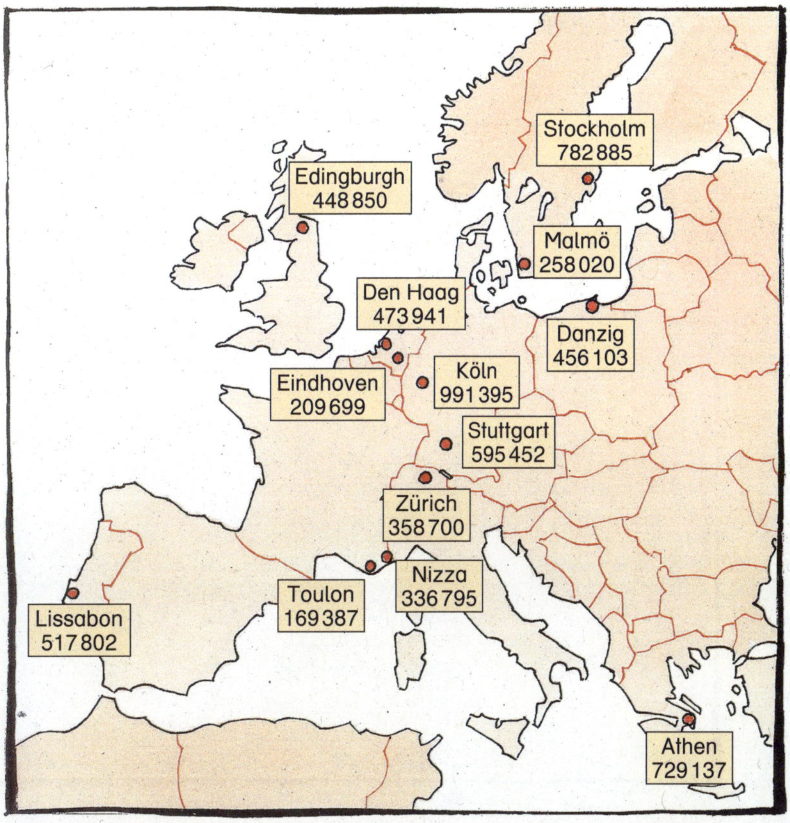

Rechnen mit großen Zahlen

1

a) 400 000 + 300 000 = ______

600 000 + 200 000 = ______

500 000 + ______ = 600 000

200 000 + ______ = 1 000 000

b) 900 000 – 300 000 = ______

600 000 – 400 000 = ______

700 000 – ______ = 200 000

800 000 – ______ = 100 000

2

a) 240 000 + 320 000 = ______

410 000 + 460 000 = ______

360 000 + 530 000 = ______

180 000 + 140 000 = ______

b) 580 000 – 230 000 = ______

750 000 – 520 000 = ______

860 000 – 430 000 = ______

310 000 – 120 000 = ______

3

a) 2 · 40 000 = ______

5 · 200 000 = ______

6 · 20 000 = ______

3 · 300 000 = ______

b) ___ · 90 000 = 180 000

___ · 200 000 = 800 000

7 · ______ = 210 000

9 · ______ = 630 000

c) 800 000 : 4 = ______

600 000 : 2 = ______

1 000 000 : ___ = 500 000

900 000 : ___ = 100 000

4 Verbinde die Lösungen der Reihe nach.

a) 4 · 40 000 = ______

2 · 90 000 = ______

5 · 30 000 = ______

3 · 70 000 = ______

9 · 40 000 = ______

b) 800 000 : 2 = ______

900 000 : 3 = ______

1 000 000 : 2 = ______

800 000 : 4 = ______

600 000 : 6 = ______

c) 160 000 : 4 = ______

250 000 : 5 = ______

180 000 : 3 = ______

100 000 : 5 = ______

120 000 : 4 = ______

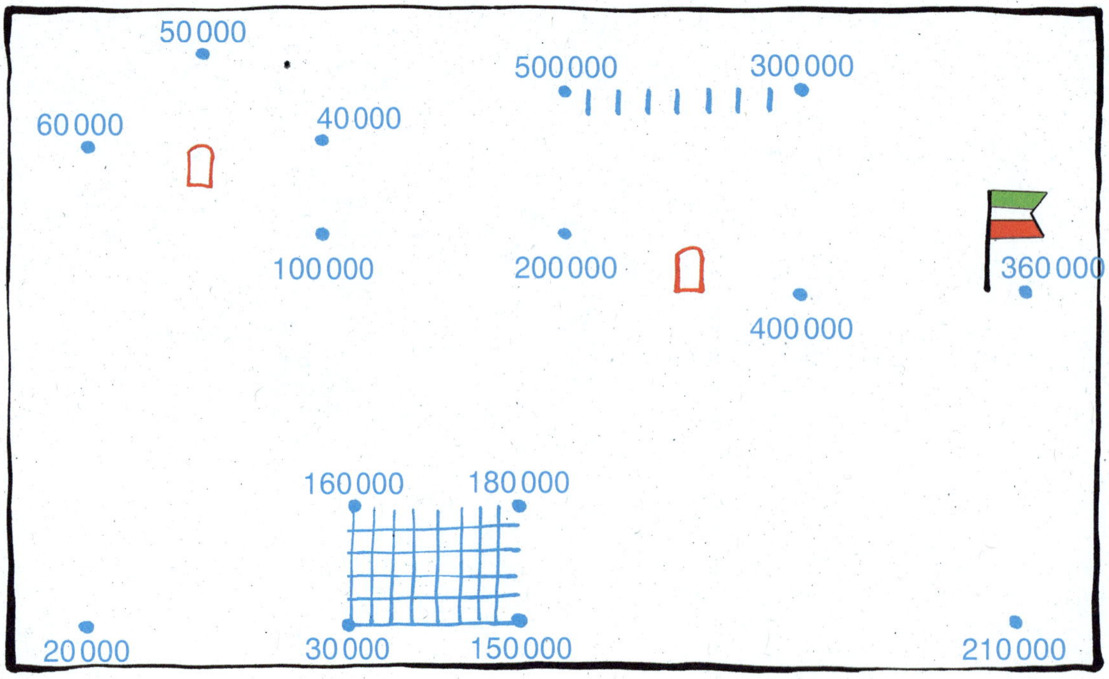

1

a)

	2	1	5	3	7	4
+		6	8	2	1	5

b)

	4	0	9	6	5	3
+	1	4	5	2	0	0

c)

	1	7	8	0	9	2
+			3	4	2	8

2

a)

	6	1	4	3	7	2
–	2	5	1	4	6	1

b)

	7	8	0	2	5	0
–		3	6	3	4	8

c)

	1	0	0	0	0	0	0
–		4	5	1	6	3	0

3 Übertrage jedes Ergebnis in die nächste Aufgabe.
Am Ende erhältst du eine besondere Zahl.

	2	1	6	8	0	9
+	3	7	2	4	1	2

→

+	1	0	7	9	7	1

→

+	3	0	2	8	0	8

4 Rechne in deinem Heft.
Ordne die Ergebnisse nach der Größe. Beginne mit der kleinsten Zahl.

184672 + 99068	D
206964 – 33817	A
508212 – 394003	W
256820 + 143719	W
348615 + 79304	E
79683 + 147366	L
678302 – 231625	G

Du erhältst das Lösungswort: ___ ___ ___ ___ ___ ___ ___

5 Ergänze die fehlenden Ziffern.

a)

	5	4		0	2	
+		2	7	9		3
	8	7	3		6	7

b)

	4		3		6	7
+	2	1	8	4		
		0		2	0	0

c)

		1	7			4
–	3		4	8	1	7
	6	1	2	4	3	

6 In einer neuen Buchenkultur sind von 45 000 Sämlingen 37 650 gut angewachsen.
Wie viele Sämlinge müssen neu gepflanzt werden?

Antwort: ____________________

7 Die Stadt Waldburg muss drei Wanderwege mit einer Länge von 8 350 m, 7 280 m und 9 675 m erneuern.

Frage: ____________________

Antwort: ____________________

Multiplizieren und Dividieren mit 10, 100 und 1 000

1

a)

· 10	
285	
3 479	
24 812	
56 926	

b)

· 100	
319	
2 874	
93	
5 610	

c)

· 1 000	
518	
36	
294	
830	

2

a)

: 10	
34 640	
718 920	
9 300	
224 600	

b)

: 100	
9 800	
31 500	
500 000	
810 000	

c)

: 1 000	
15 000	
780 000	
900 000	
1 000 000	

3 Kennst du diese Flaggen?

rot

9 750 · 10 = ______
3 967 · 100 = ______
380 · 10 = ______
752 · 1 000 = ______
1 000 · 1 000 = ______

blau

100 · 1 000 = ______
380 · 100 = ______
3 967 · 10 = ______
9 750 · 100 = ______
7 520 · 10 = ______

gelb

1 000 000 : 100 = ______
75 200 : 10 = ______

grün

380 000 : 1 000 = ______
58 000 : 10 = ______

Spanien: 3 800 / 7 520 / 97 500

Frankreich: 975 000 | | 752 000

Kolumbien: 10 000 / 100 000 / 396 700

Argentinien: 38 000 / / 39 670

Niederlande: 1 000 000 / / 75 200

Nigeria: 5 800 | | 380

4

a) 79 300 : 10 = ______
200 000 : 1 000 = ______
172 800 : 100 = ______
368 400 : 10 = ______

b) 1 000 000 : 100 = ______
99 000 : 1 000 = ______
280 000 : 10 = ______
5 000 : 1 000 = ______

1

a) 7908 · 6

b) 43517 · 3

c) 216330 · 4

2

a) 5934 · 40

b) 32408 · 23

c) 12907 · 64

3

a) 7278 · 91

b) 15938 · 57

c) 27563 · 28

4 Rechne in deinem Heft.

a) 49687 · 5
7805 · 8
30040 · 7

b) 25638 · 30
16450 · 40
31327 · 20

c) 27814 · 35
9673 · 71
7689 · 83

d) 31045 · 27
45259 · 18
23974 · 32

5 Im Ergebnis steht ein Komma.

a) 9419 : 2 =

Probe

· 2

b) 92544 : 40 =

Probe

· 40

6 Rechne in deinem Heft.

a) 23677 : 2
1302 : 4
18490 : 5

b) 76236 : 4
46788 : 8
52956 : 3

c) 172895 : 5
275256 : 6
173845 : 7

d) 453608 : 50
349720 : 40
132750 : 30

7 Verbinde mit dem richtigen Ergebnis. Du findest es durch Überschlagen.
Kontrolliere mit dem Taschenrechner.

a)

29617 · 5	126291
81993 · 7	148085
42097 · 3	573951

b)

65672 : 8	4925
29550 : 6	7059
49413 : 7	8209

Durchschnitt
Berechnen von Durchschnittswerten

1

Die Schüler der Klasse 7a haben an drei Tagen die Autos gezählt, die mittags durch die Schulstraße fuhren.

Mo:	143	Autos
Di:	89	Autos
Mi:	95	Autos

Wie viele Autos fuhren mittags durchschnittlich durch die Schulstraße?

	1	4	3
		8	9
+		9	5

→ ☐ : 3 =

Probe:

· 3

2 Berechne jeweils den Durchschnittswert der gezählten Autos.

a)

		5	3	8
		4	0	7
		3	6	1
+		4	4	6

→ ☐ : 4 =

Probe:

· 4

b)

	1	0	9	5
		9	6	2
	1	1	1	2
+		9	5	9

→ ☐ : 4 =

Probe:

· 4

3 Berechne den Durchschnittswert in deinem Heft oder mit dem Computer.
Markiere die Werte farbig, die kleiner sind als der Durchschnitt.

a) 4653; 5052; 4986 — Durchschnitt: ____________

b) 2118; 2634; 1903; 1884, 2001 — Durchschnitt: ____________

c) 13568; 9982; 12801 — Durchschnitt: ____________

d) 10041; 11608; 10596; 13847 — Durchschnitt: ____________

e) 34204; 9874; 12087; 15666; 12564 — Durchschnitt: ____________

1 Vervollständige die Säulendiagramme. Kennzeichne jeweils den Durchschnittswert.

Monat		Mai	Juni	Juli	August	Sept.	Oktober
Hannover		52 mm	65 mm	84 mm	73 mm	54 mm	56 mm
		12 °C	15 °C	17 °C	17 °C	14 °C	9 °C
Düsseldorf		55 mm	64 mm	82 mm	76 mm	62 mm	69 mm
		14 °C	17 °C	18 °C	18 °C	15 °C	11 °C

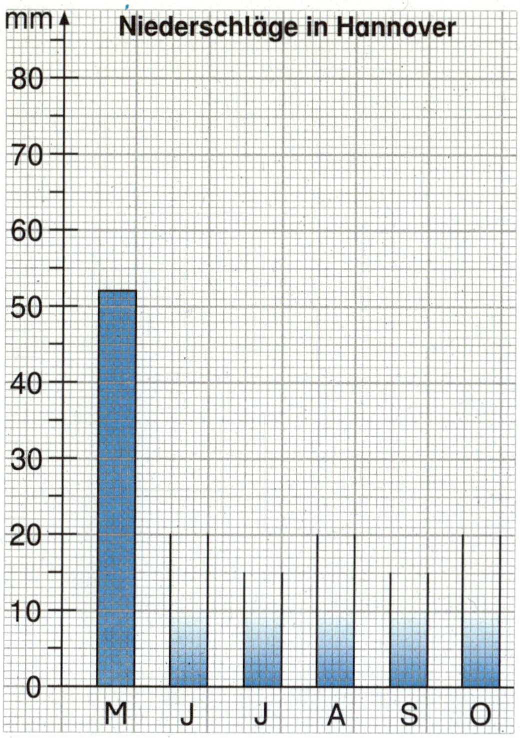

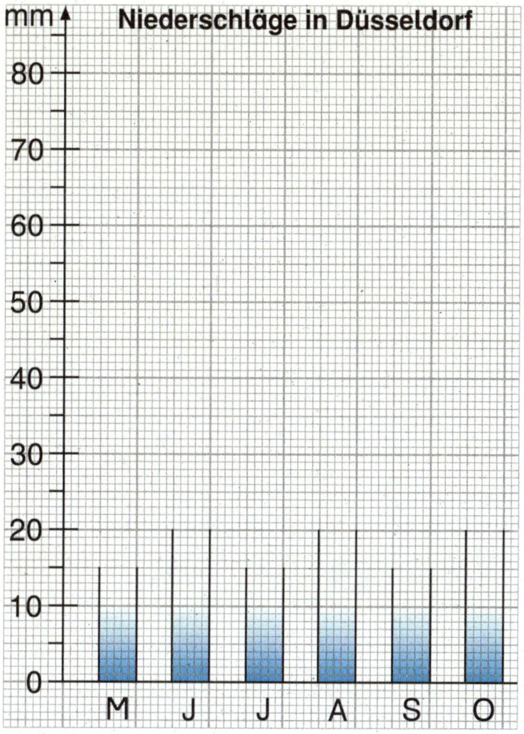

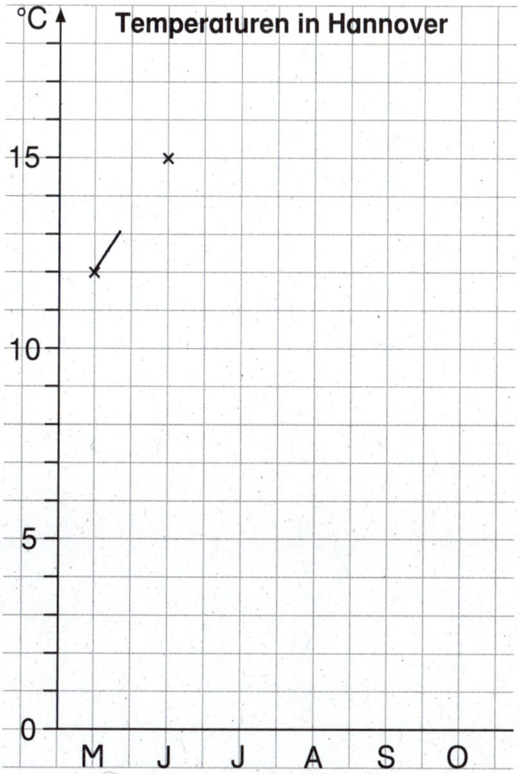

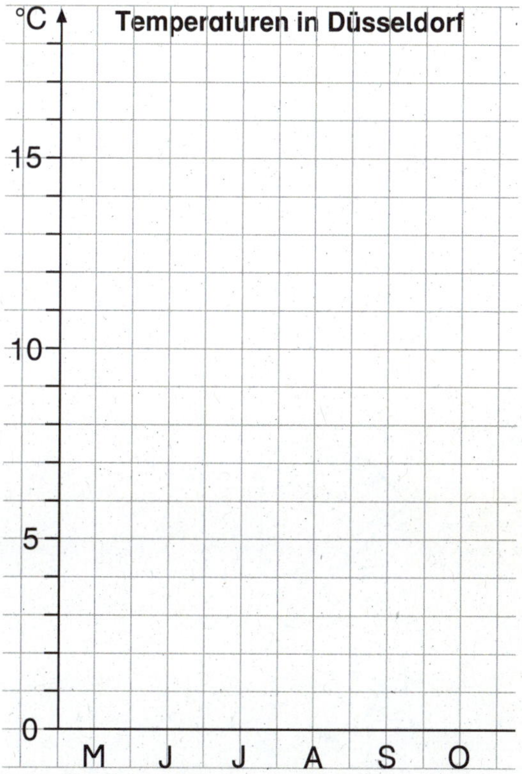

Vierecke und Dreiecke
Verschiedene Vierecke

1 Färbe die Figuren wie angegeben.

Quadrat | Rechteck | Parallelogramm | Trapez | Drachen

a)

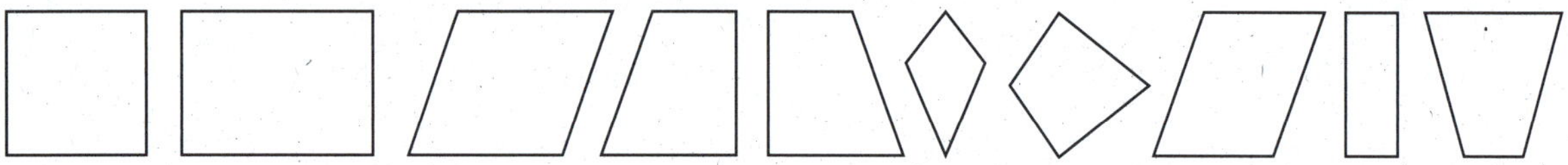

b)

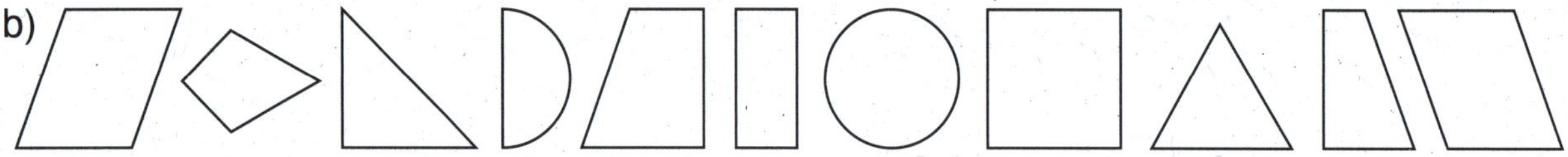

2 Ergänze die fehlenden Seiten der Figur.

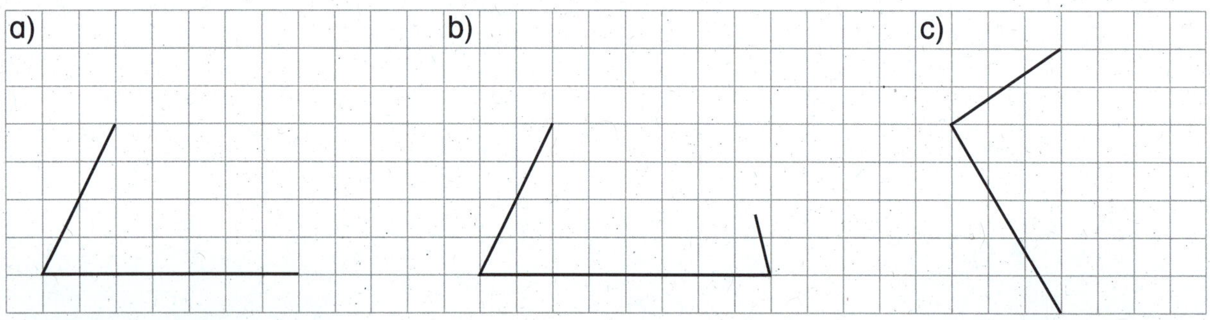

Parallelogramm | Trapez | Drachen

3 Ergänze spiegelbildlich. Schreibe den Namen unter die entstandene Figur.

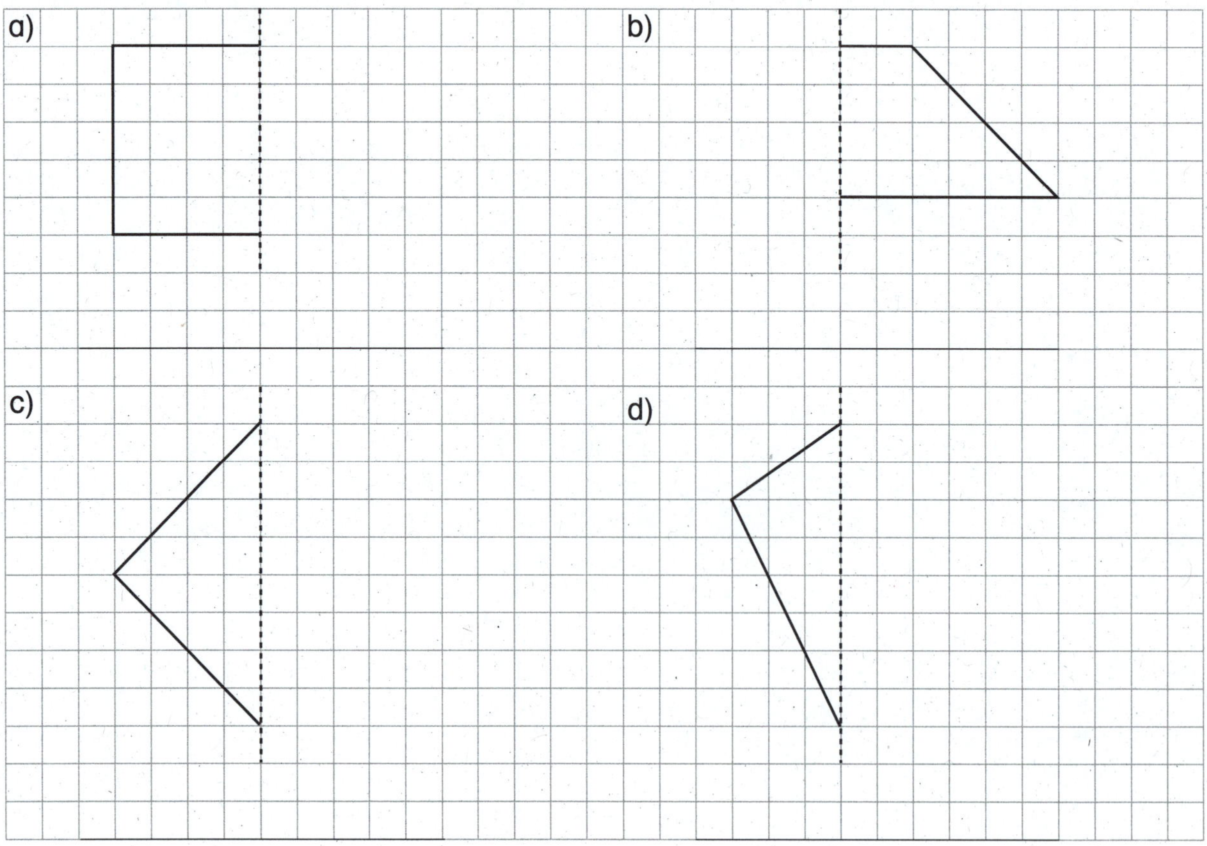

Flächeninhalt des Parallelogramms

1 Zeichne zum Parallelogramm ein Rechteck mit gleicher Grundseite und Höhe.
Miss und berechne den Flächeninhalt.

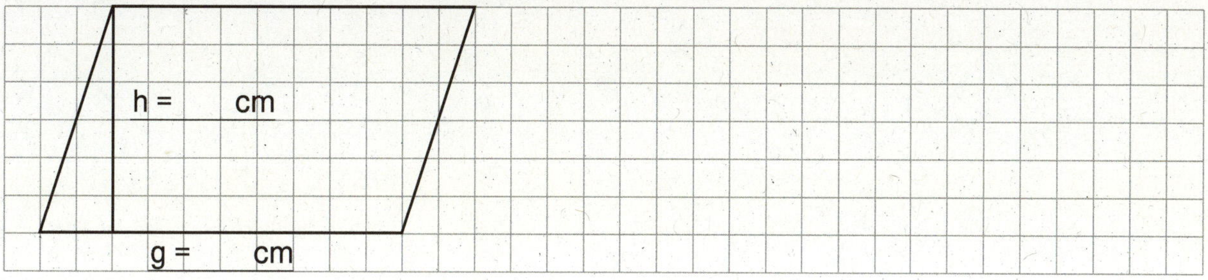

A = ______ cm^2 A = ______ cm^2

2 Zeichne die Höhe ein. Miss und berechne den Flächeninhalt.

a)

A = g · h

A = ______________________

A = ______ cm^2

b)

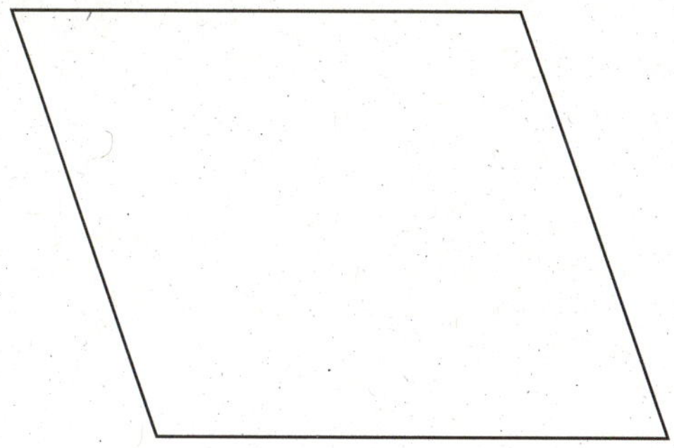

A = ______________________

A = ______________________

A = ______ cm^2

c)

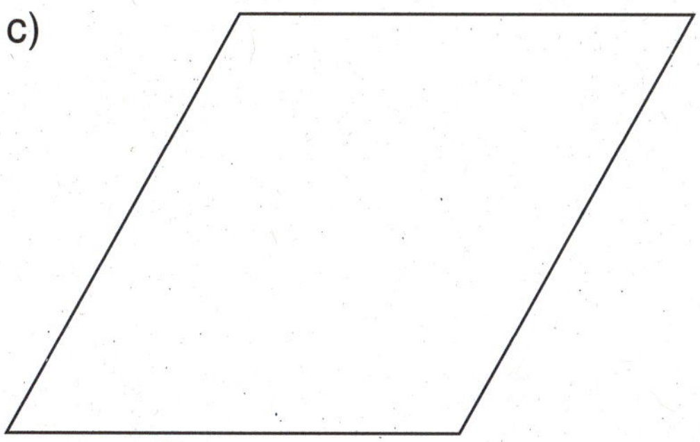

A = ______________________

A = ______________________

A = ______________________

d)

A = ______________________

A = ______________________

A = ______________________

3 Zeichne zu den Angaben ein Parallelogramm in dein Heft.
Berechne den fehlenden Wert.

	a)	b)	c)	d)	e)	f)
Grundseite g	6 cm	5 cm	5 cm	7 cm	5,5 cm	5 cm
Höhe h	4 cm	6 cm	2,5 cm	3,5 cm	3 cm	
Flächeninhalt A						20 cm^2

Flächeninhalt des Dreiecks

1 Ergänze zum Parallelogramm.
Berechne die Flächeninhalte.

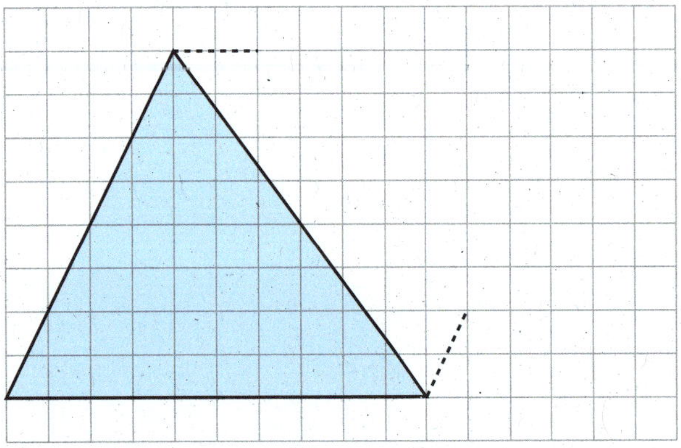

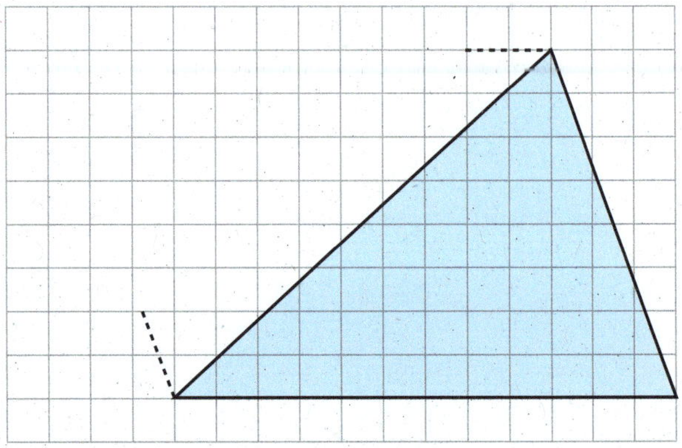

Parallelogramm	Dreieck	Parallelogramm	Dreieck
A = ______	A = ______	A = ______	A = ______
A = ______ cm^2	A = ______ cm^2	A = ______ cm^2	A = ______ cm^2

2 Zeichne die Höhe ein.
Miss und berechne den Flächeninhalt.

a)

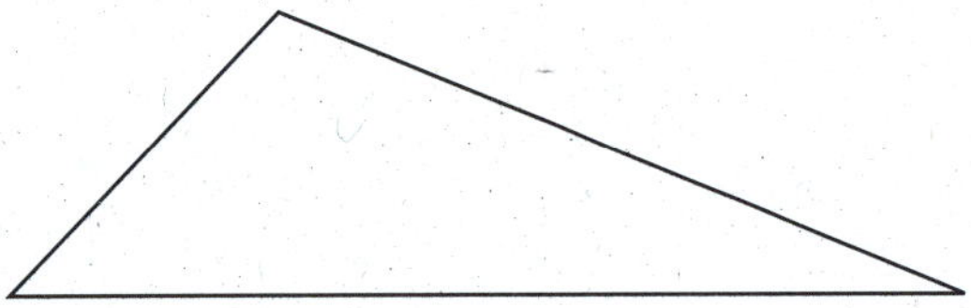

$A = \frac{g \cdot h}{2}$

A = ______

A = ______ cm^2

b)

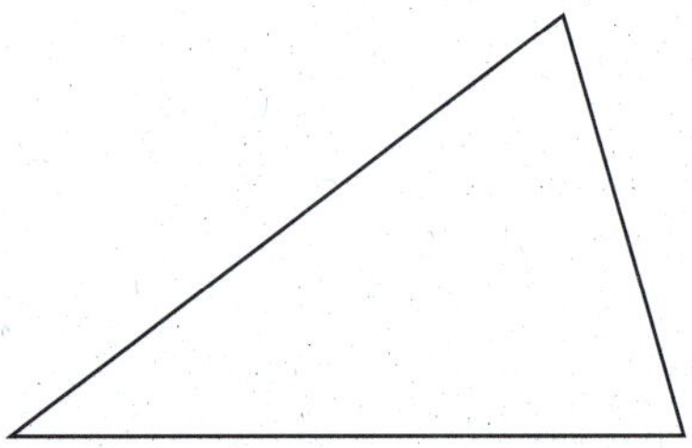

A = ______

A = ______

A = ______ cm^2

c)

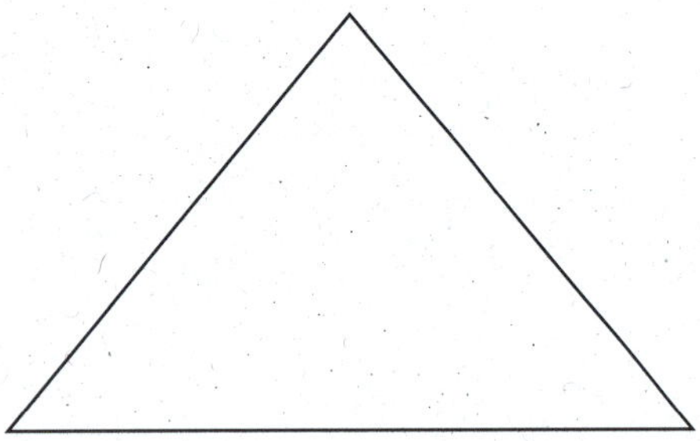

A = ______

A = ______

A = ______

d)

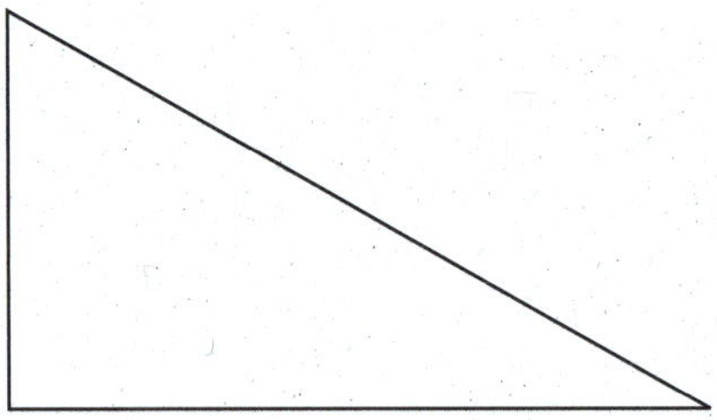

A = ______

A = ______

A = ______

3 Zeichne zu den Angaben ein Dreieck in dein Heft. Es gibt viele Möglichkeiten.
Berechne den Flächeninhalt.

	a)	b)	c)	d)	e)	f)
Grundseite g	4 cm	5 cm	6 cm	5,5 cm	6,5 cm	5,0 cm
Höhe h	5 cm	6 cm	3 cm	4,0 cm	4,0 cm	5,4 cm
Flächeninhalt A						

1 Was gehört zusammen? Verbinde.

Rechteck	$A = a \cdot b$	$u = a + b + c$
Quadrat	$A = g \cdot h$	$u = 2 \cdot a + 2 \cdot b$
Parallelogramm	$A = a \cdot a$	$u = 2 \cdot g + 2 \cdot b$
Dreieck	$A = \frac{g \cdot h}{2}$	$u = 4 \cdot a$

2 Zerlege in 2 Teilflächen.
Miss und berechne den Flächeninhalt und den Umfang der Figur in deinem Heft.

a)

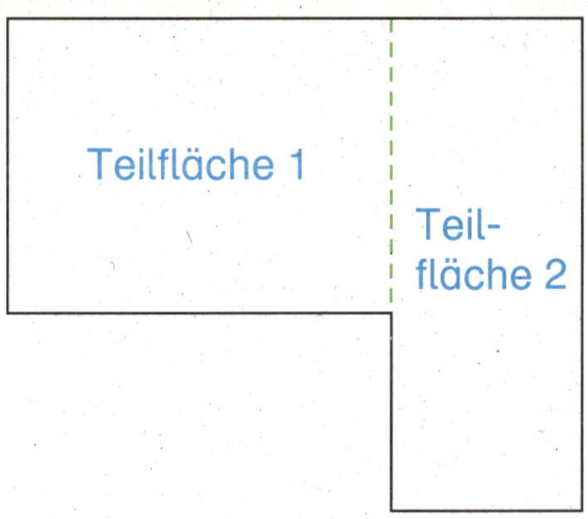

Teilfläche 1: A = ____________

Teilfläche 2: A = ____________

Gesamtfläche: A = ____________

Umfang: u = ____________

b)

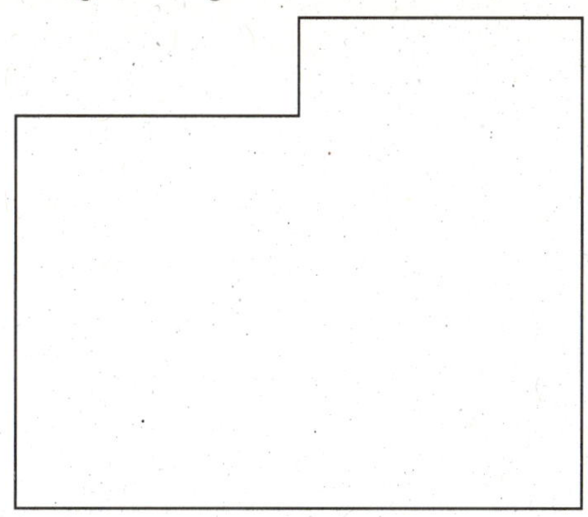

Teilfläche 1: A = ____________

Teilfläche 2: A = ____________

Gesamtfläche: A = ____________

Umfang: u = ____________

c)

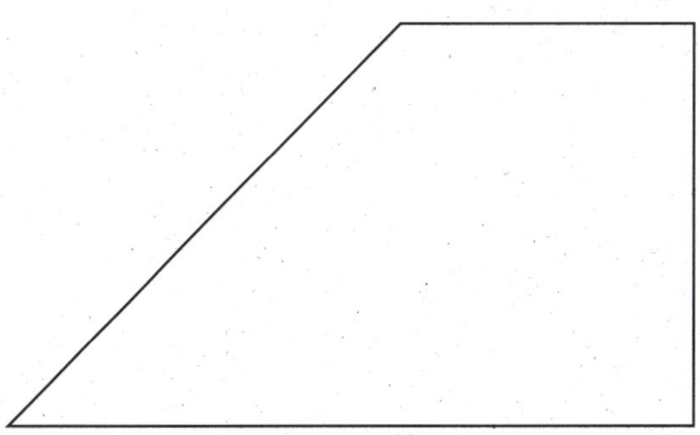

Teilfläche 1: A = ____________

Teilfläche 2: A = ____________

Gesamtfläche: A = ____________

Umfang: u = ____________

d)

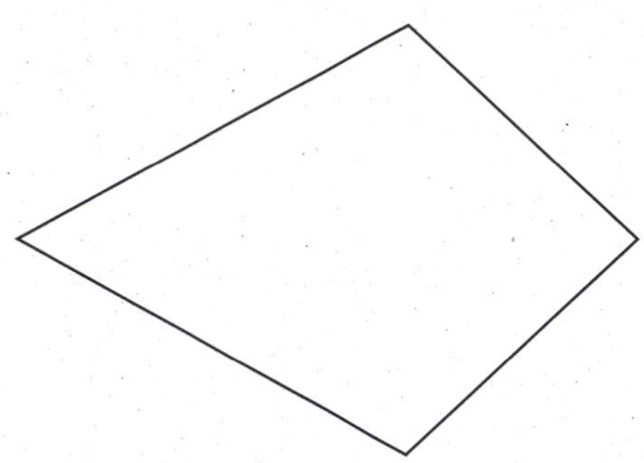

Teilfläche 1: A = ____________

Teilfläche 2: A = ____________

Gesamtfläche: A = ____________

Umfang: u = ____________

3 Gib die fehlende Seitenlänge an.

Rechteck
$A = 36\ cm^2$; $a = 3\ cm$

b = ________ cm

Parallelogramm
$A = 36\ cm^2$; $h = 4\ cm$

g = ________ cm

Dreieck
$A = 36\ cm^2$; $g = 12\ cm$

h = ________ cm

1 a) Verbinde die Punkte.
b) Wie heißt die entstandene Figur?
c) Berechne den Umfang und den Flächeninhalt in deinem Heft.

Rechteck ______

u = ______

A = ______

______

u = ______

A = ______

______

u = ______

A = ______

______

u = ______

A = ______

______

u = ______

A = ______

______

u = ______

A = ______

1 Wie viel cm^2 Blech wird zur Herstellung des Verkehrsschildes benötigt?
Rechne in deinem Heft.

a)

A = ________

b)

A = ________

2 Berechne in deinem Heft die Größe der Fensterfläche.

a)

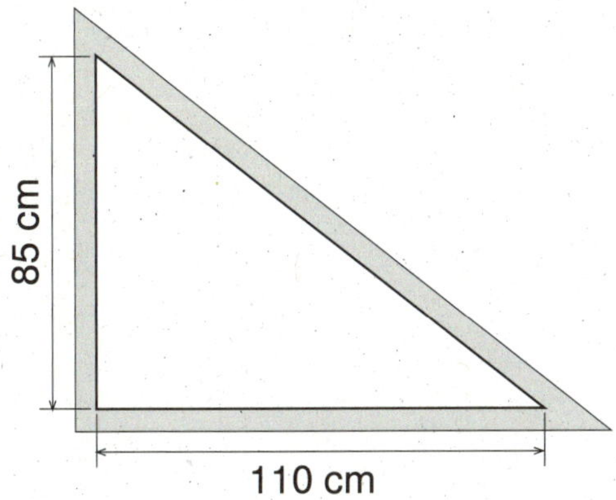

A = ________

b)

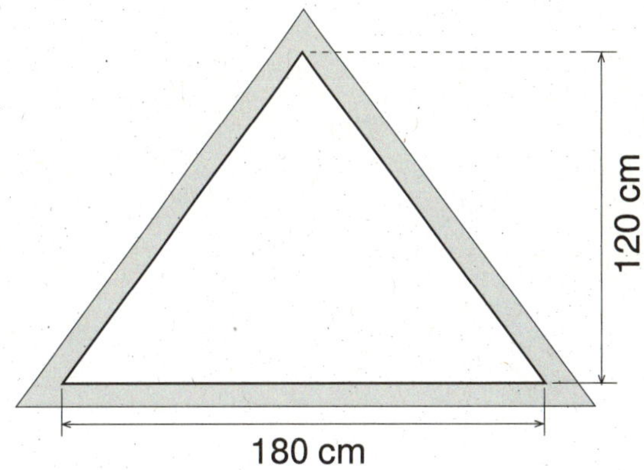

A = ________

3 1 m^2 Fensterglas kostet 125 €.
Wie teuer sind die beiden Glasfenster aus Aufgabe 2 zusammen?

4 Berechne in deinem Heft Flächeninhalt und Umfang der Weidefläche.

a)

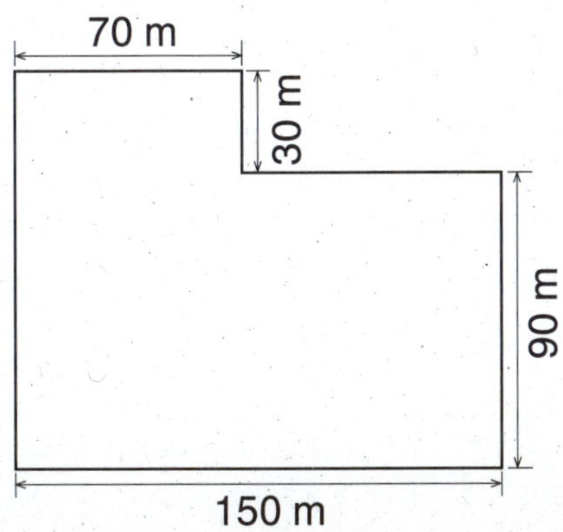

A = ________ u = ________

b)

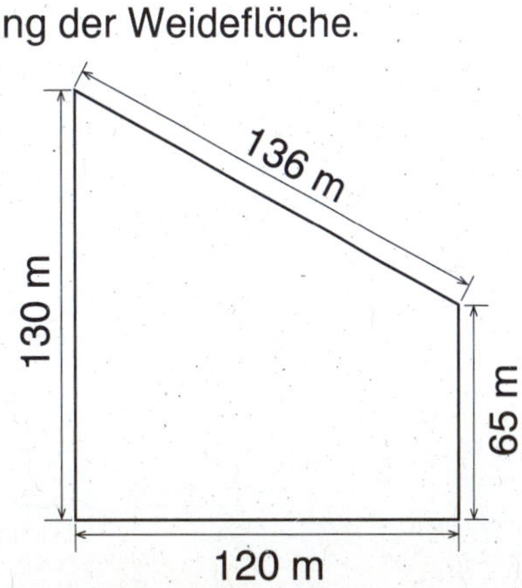

A = ________ u = ________

5 Der Preis für 1 m^2 Weideland beträgt 4,50 €.
Wie teuer sind die beiden Grundstücke aus Aufgabe 4 zusammen?

Bruchrechnung
Stammbrüche – Abgeleitete Brüche

1 Welche Brüche sind hier dargestellt?

a) 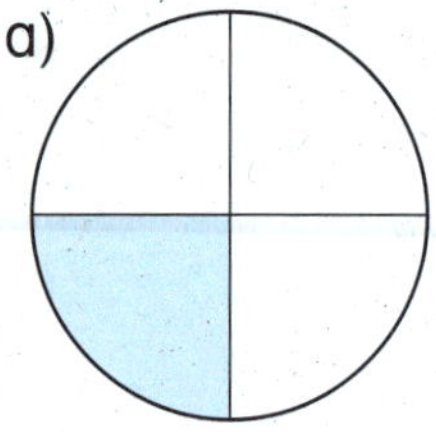 ___

b) 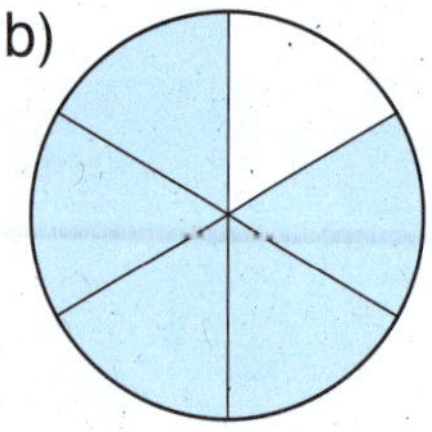 ___

c) 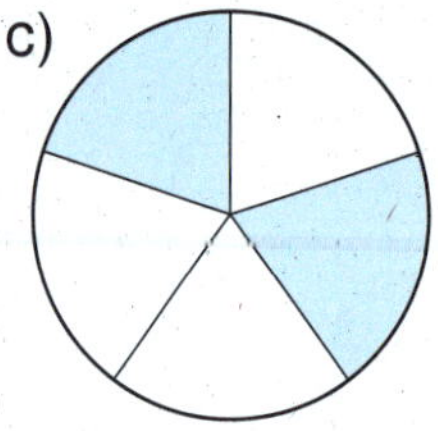 ___

d) 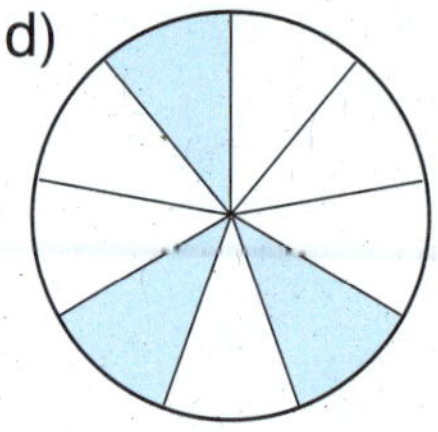 ___

e) 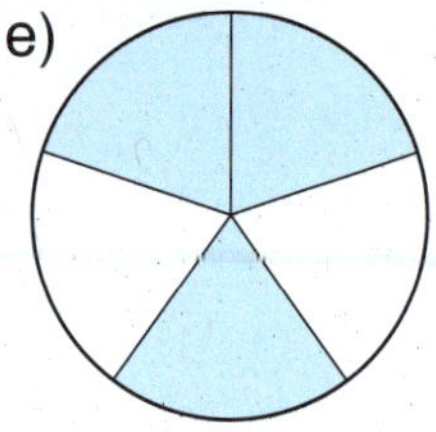 ___

f) 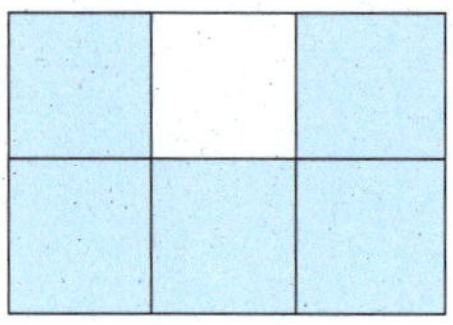 ___

g) 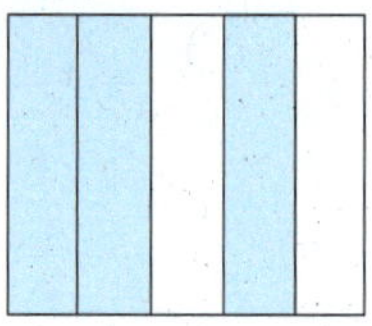 ___

h) 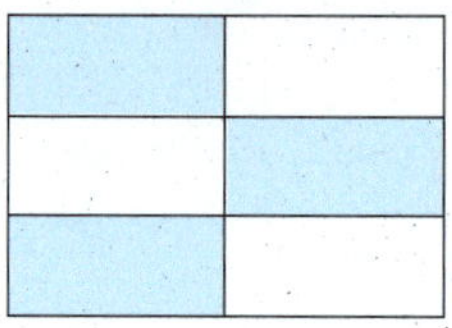 ___

i) 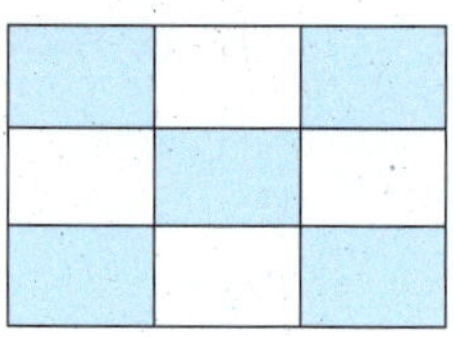 ___

2 Färbe in jeder Figur den im Kreis dargestellten Bruchteil.

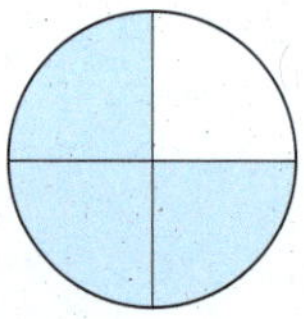 $\frac{\quad}{4}$

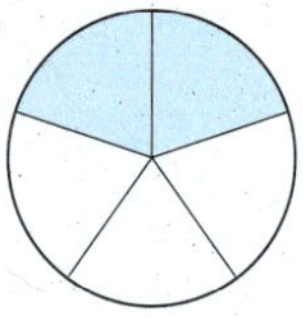 ___

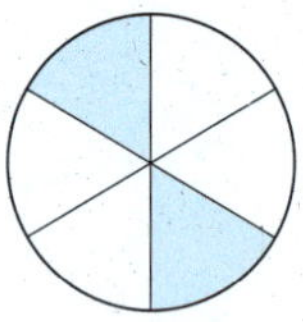 ___

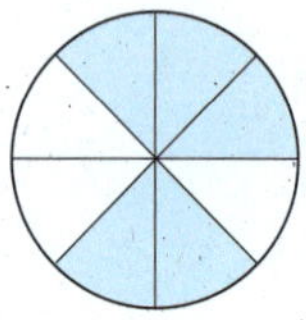 ___

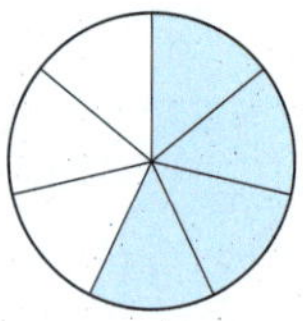 ___

1 Wie viele Punkte sind es insgesamt?
Färbe den Bruchteil. Schreibe auf.

a) 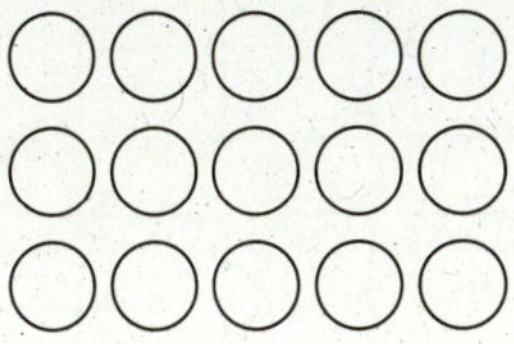

$\frac{1}{3}$ von ___ = ___

b) 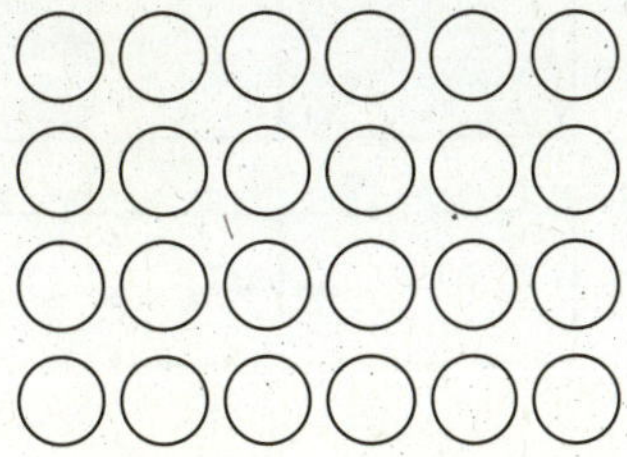

$\frac{1}{4}$ von ___ = ___

c) 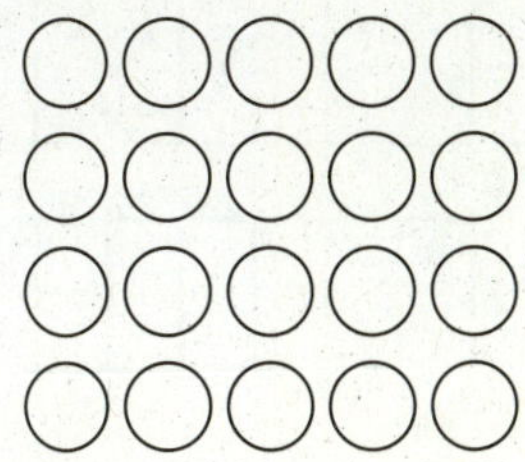

$\frac{1}{5}$ von ___ = ___

2

a) $\frac{1}{3}$ von 18 = ___
$\frac{1}{6}$ von 18 = ___
$\frac{1}{2}$ von 18 = ___
$\frac{1}{9}$ von 18 = ___

b) $\frac{1}{2}$ von 32 = ___
$\frac{1}{5}$ von 55 = ___
$\frac{1}{6}$ von 66 = ___
$\frac{1}{8}$ von 88 = ___

c) $\frac{1}{4}$ von 84 = ___
$\frac{1}{3}$ von 69 = ___
$\frac{1}{5}$ von 105 = ___
$\frac{1}{6}$ von 120 = ___

3

a) 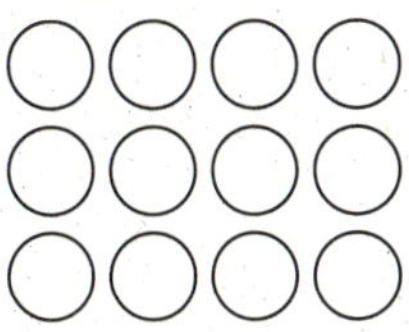

$\frac{2}{3}$ von ___ = ___

b) 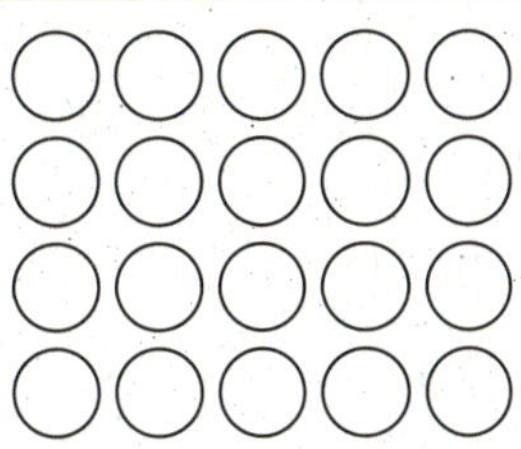

$\frac{4}{5}$ von ___ = ___

c) 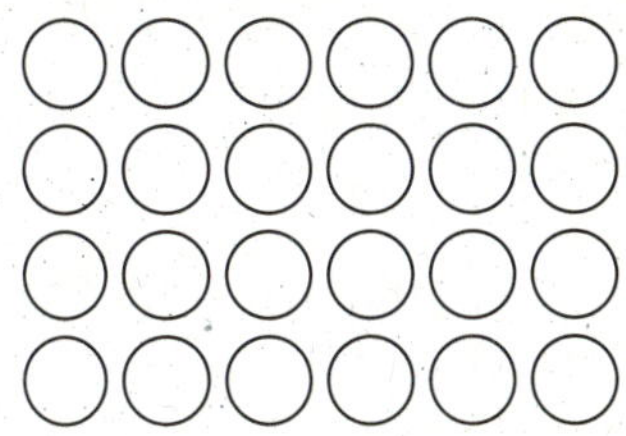

$\frac{3}{4}$ von ___ = ___

4

a) $\frac{1}{3}$ von 600 g = ___ g
$\frac{2}{3}$ von 600 g = ___ g

b) $\frac{1}{4}$ von 1 200 kg = ___ kg
$\frac{3}{4}$ von 1 200 kg = ___ kg

5

a) $\frac{2}{3}$ von 30 = ___
$\frac{2}{3}$ von 90 = ___
$\frac{3}{4}$ von 40 = ___
$\frac{3}{4}$ von 80 = ___

b) $\frac{2}{5}$ von 500 = ___
$\frac{3}{7}$ von 700 = ___
$\frac{2}{3}$ von 600 = ___
$\frac{3}{4}$ von 800 = ___

c) $\frac{4}{5}$ von 5 000 = ___
$\frac{3}{8}$ von 1 600 = ___
$\frac{3}{4}$ von 1 200 = ___
$\frac{2}{5}$ von 2 500 = ___

6 Immer zwei Gewichte sind gleich. Färbe mit gleicher Farbe.

a) $\frac{1}{2}$ kg | 250 g | $\frac{1}{10}$ kg | 100 g | 200 g | 500 g | $\frac{1}{4}$ kg | $\frac{1}{5}$ kg

b) $\frac{3}{10}$ kg | $\frac{3}{4}$ kg | 300 g | 750 g | 900 g | 400 g | $\frac{9}{10}$ kg | $\frac{2}{5}$ kg

Erweitern

1 Mit welcher Zahl wurde erweitert? Zeichne.

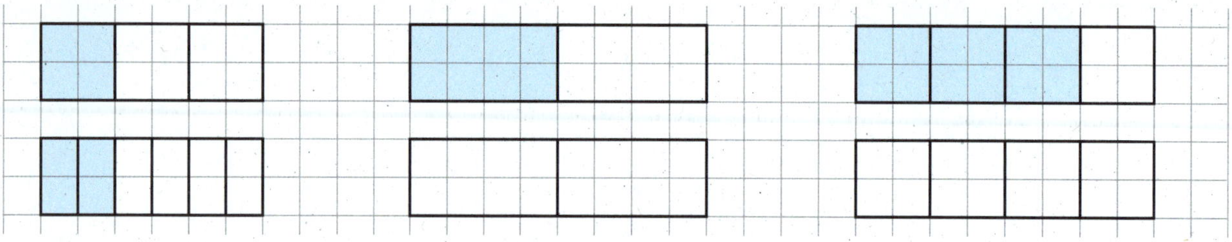

$\frac{1}{3} = \frac{2}{6}$ erweitert mit 2

$\frac{1}{2} = \frac{4}{8}$ erweitert mit ____

$\frac{3}{4} = \frac{6}{8}$ erweitert mit ____

2 Erweitere mit 3. Ergänze die Zeichnungen. Wie heißt der neue Bruch?

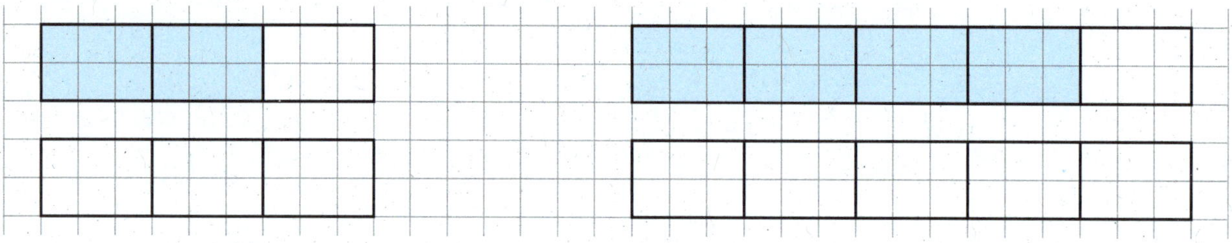

$\frac{2}{3} = \_\_\_$

$\frac{4}{5} = \_\_\_$

3 Mit welcher Zahl wurde erweitert? Wie heißt der neue Bruch?

a) $\frac{1}{2} = \frac{1\cdot\;}{2\cdot\;} = \frac{4}{8}$

$\frac{1}{4} = \frac{1\cdot\;}{4\cdot\;} = \frac{\;}{8}$

$\frac{1}{6} = \frac{1\cdot\;}{6\cdot\;} = \frac{2}{\;}$

b) $\frac{2}{3} = \frac{2\cdot\;}{3\cdot\;} = \frac{\;}{9}$

$\frac{2}{5} = \frac{2\cdot\;}{5\cdot\;} = \frac{6}{\;}$

$\frac{3}{4} = \frac{3\cdot\;}{4\cdot\;} = \frac{\;}{16}$

c) $\frac{4}{5} = \frac{4\cdot\;}{5\cdot\;} = \frac{8}{\;}$

$\frac{5}{6} = \frac{5\cdot\;}{6\cdot\;} = \frac{\;}{30}$

$\frac{3}{4} = \frac{\;\cdot\;}{\;\cdot\;} = \frac{18}{\;}$

4

Erweitere mit	2	3	4	5	7	8
$\frac{1}{4}$						
$\frac{2}{3}$						
$\frac{5}{6}$						
$\frac{3}{7}$						

5 Immer zwei Brüche sind gleich. Verbinde.

a) $\frac{2}{3}$ $\frac{3}{5}$ $\frac{1}{2}$ $\frac{1}{4}$

$\frac{5}{10}$ $\frac{2}{8}$ $\frac{4}{6}$ $\frac{6}{10}$

b) $\frac{3}{4}$ $\frac{1}{10}$ $\frac{2}{5}$ $\frac{1}{3}$

$\frac{15}{20}$ $\frac{4}{10}$ $\frac{3}{9}$ $\frac{10}{100}$

1 Durch welche Zahl wurde gekürzt? Zeichne.

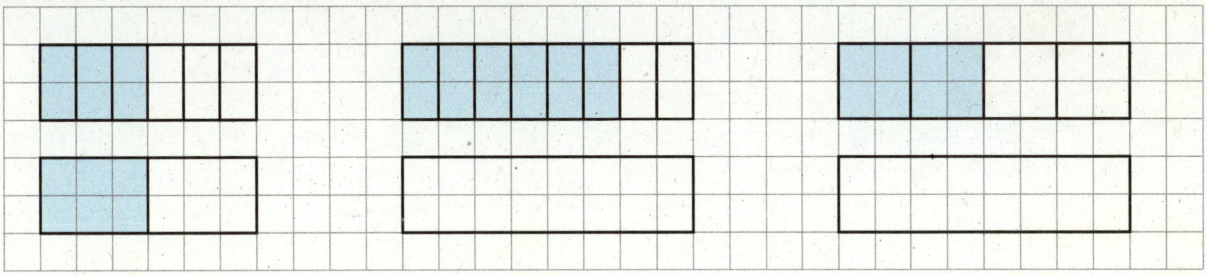

$\frac{3}{6} = \frac{1}{2}$ gekürzt durch 3

$\frac{6}{8} = \frac{3}{4}$ gekürzt durch ____

$\frac{2}{4} = \frac{1}{2}$ gekürzt durch ____

2 Kürze durch 3. Ergänze die Zeichnung.
Wie heißt der neue Bruch?

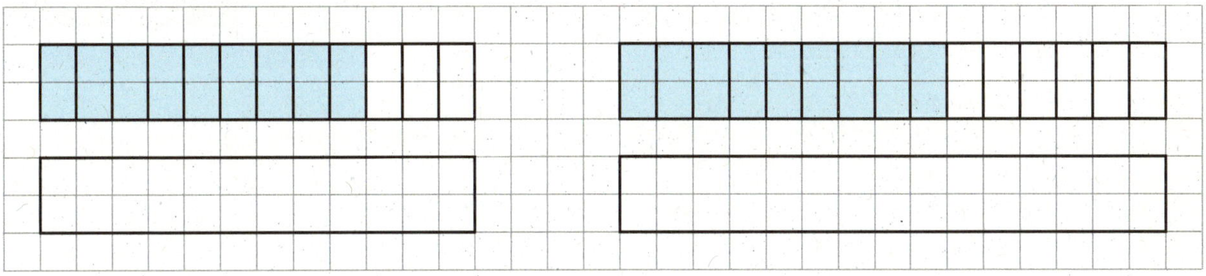

$\frac{9}{12} =$ ____

$\frac{9}{15} =$ ____

3 a) Kürze durch 2: $\frac{4}{10} =$ ____ $\frac{6}{12} =$ ____ $\frac{10}{10} =$ ____ $\frac{18}{20} =$ ____

b) Kürze durch 5: $\frac{5}{20} =$ ____ $\frac{15}{25} =$ ____ $\frac{35}{50} =$ ____ $\frac{15}{100} =$ ____

4 Durch welcher Zahl wurde gekürzt?
Wie heißt der neue Bruch?

a) $\frac{2}{6} = \frac{2 :\ \_\_}{6 :\ \_\_} = \frac{\_\_}{3}$

$\frac{5}{10} = \frac{5 :\ \_\_}{10 :\ \_\_} = \frac{\_\_}{2}$

b) $\frac{9}{15} = \frac{9 :\ \_\_}{15 :\ \_\_} = \frac{\_\_}{5}$

$\frac{7}{28} = \frac{7 :\ \_\_}{28 :\ \_\_} = \frac{\_\_}{4}$

c) $\frac{16}{20} = \frac{16 :\ \_\_}{20 :\ \_\_} = \frac{4}{\_\_}$

$\frac{20}{100} = \frac{20 :\ \_\_}{100 :\ \_\_} = \frac{1}{\_\_}$

5 Kürze. Ordne die Buchstaben zu.

$\frac{3}{18} = \frac{\_\_}{6}$ K $\frac{4}{10} = \frac{\_\_}{5}$ A $\frac{6}{9} = \frac{\_\_}{3}$ T $\frac{6}{21} = \frac{\_\_}{7}$ H $\frac{5}{20} = \frac{\_\_}{4}$ H

$\frac{7}{35} = \frac{\_\_}{5}$ M $\frac{8}{14} = \frac{4}{\_\_}$ E $\frac{15}{18} = \frac{5}{\_\_}$ L $\frac{20}{25} = \frac{4}{\_\_}$ I $\frac{10}{14} = \frac{5}{\_\_}$ R

$\frac{21}{28} = \frac{3}{\_\_}$ E $\frac{3}{9} = \frac{1}{\_\_}$ A $\frac{3}{24} = \frac{\_\_}{8}$ N $\frac{5}{35} = \frac{\_\_}{7}$ E $\frac{6}{10} = \frac{3}{\_\_}$ T

$\frac{7}{14} = \frac{1}{\_\_}$ M $\frac{3}{21} = \frac{\_\_}{7}$ R $\frac{30}{35} = \frac{6}{\_\_}$ I

$\frac{1}{2}$	$\frac{1}{3}$	$\frac{2}{3}$	$\frac{1}{4}$	$\frac{3}{4}$	$\frac{1}{5}$	$\frac{2}{5}$	$\frac{3}{5}$	$\frac{4}{5}$	$\frac{1}{6}$	$\frac{5}{6}$	$\frac{1}{7}$	$\frac{2}{7}$	$\frac{3}{7}$	$\frac{4}{7}$	$\frac{5}{7}$	$\frac{6}{7}$	$\frac{1}{8}$

Addieren und Subtrahieren gleichnamiger Brüche

1 Färbe die Bruchteile und addiere.

a) 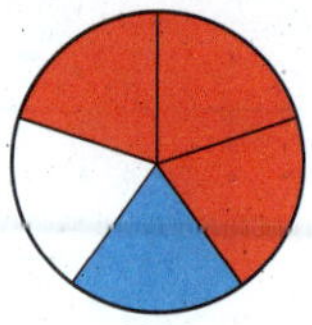 $\frac{3}{5} + \frac{1}{5} = \frac{\quad}{\quad}$

b) 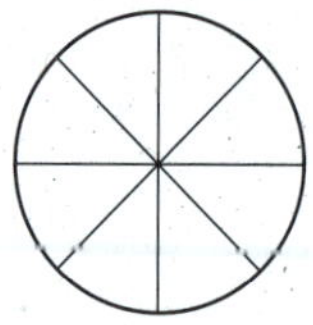 $\frac{3}{8} + \frac{2}{8} = \frac{\quad}{\quad}$

c) 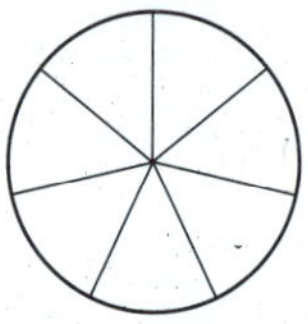 $\frac{4}{7} + \frac{2}{7} = \frac{\quad}{\quad}$

d) 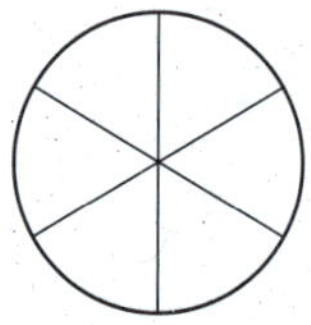 $\frac{3}{6} + \frac{2}{6} = \frac{\quad}{\quad}$

e) 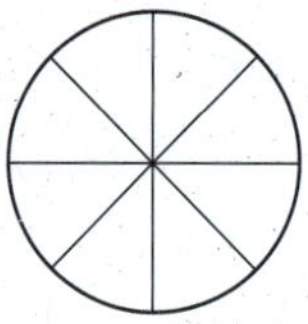 $\frac{1}{8} + \frac{4}{8} = \frac{\quad}{\quad}$

f) 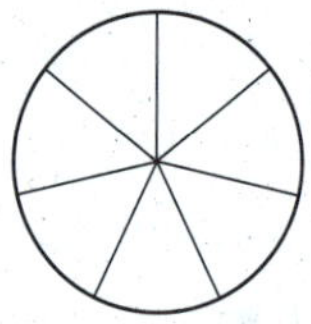 $\frac{3}{7} + \frac{2}{7} = \frac{\quad}{\quad}$

2 Addiere. Kürze das Ergebnis

a) $\frac{1}{4} + \frac{1}{4} = \frac{\quad}{\quad} = \frac{\quad}{\quad}$ b) $\frac{1}{6} + \frac{2}{6} = \frac{\quad}{\quad} = \frac{\quad}{\quad}$ c) $\frac{3}{8} + \frac{3}{8} = \frac{\quad}{\quad} = \frac{\quad}{\quad}$

d) $\frac{1}{9} + \frac{2}{9} = \frac{\quad}{\quad} = \frac{\quad}{\quad}$ e) $\frac{1}{10} + \frac{3}{10} = \frac{\quad}{\quad} = \frac{\quad}{\quad}$ f) $\frac{3}{14} + \frac{5}{14} = \frac{\quad}{\quad} = \frac{\quad}{\quad}$

3 Färbe die Bruchteile und subtrahiere.

a) 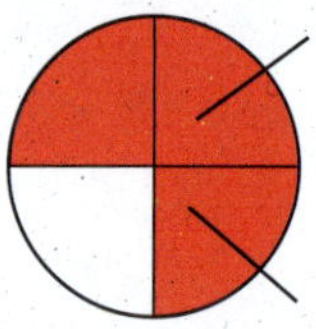 $\frac{3}{4} - \frac{2}{4} = \frac{\quad}{\quad}$

b) 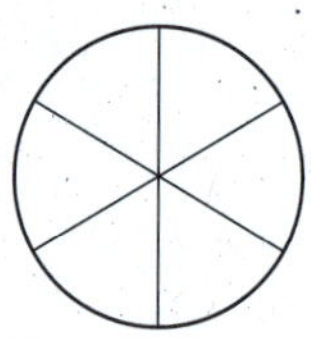 $\frac{5}{6} - \frac{4}{6} = \frac{\quad}{\quad}$

c) 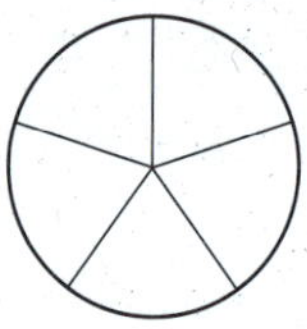 $\frac{4}{5} - \frac{2}{5} = \frac{\quad}{\quad}$

d) 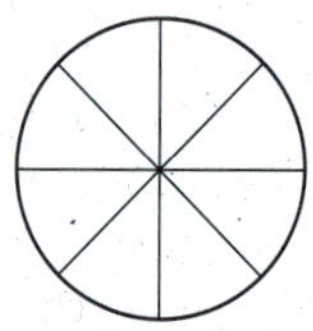 $\frac{7}{8} - \frac{4}{8} = \frac{\quad}{\quad}$

e) 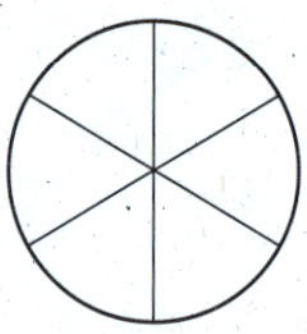 $\frac{4}{6} - \frac{3}{6} = \frac{\quad}{\quad}$

f) 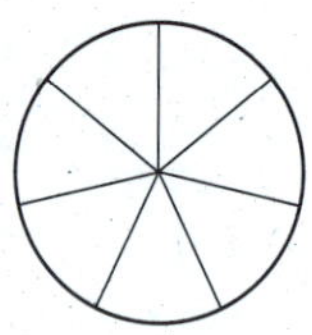 $\frac{5}{7} - \frac{3}{7} = \frac{\quad}{\quad}$

4 Subtrahiere. Kürze das Ergebnis.

a) $\frac{3}{4} - \frac{1}{4} = \frac{\quad}{\quad} = \frac{\quad}{\quad}$ b) $\frac{7}{8} - \frac{5}{8} = \frac{\quad}{\quad} = \frac{\quad}{\quad}$ c) $\frac{8}{9} - \frac{2}{9} = \frac{\quad}{\quad} = \frac{\quad}{\quad}$

d) $\frac{5}{6} - \frac{1}{6} = \frac{\quad}{\quad} = \frac{\quad}{\quad}$ e) $\frac{7}{10} - \frac{3}{10} = \frac{\quad}{\quad} = \frac{\quad}{\quad}$ f) $\frac{11}{12} - \frac{8}{12} = \frac{\quad}{\quad} = \frac{\quad}{\quad}$

5 Ergänze die fehlenden Brüche.

a) $\frac{1}{8} + \frac{\quad}{\quad} = \frac{5}{8}$ b) $\frac{4}{9} + \frac{\quad}{\quad} = \frac{7}{9}$ c) $\frac{\quad}{\quad} + \frac{3}{10} = \frac{9}{10}$ d) $\frac{\quad}{\quad} + \frac{2}{7} = \frac{6}{7}$

e) $\frac{5}{7} - \frac{\quad}{\quad} = \frac{2}{7}$ f) $\frac{2}{5} - \frac{\quad}{\quad} = \frac{1}{5}$ g) $\frac{7}{10} - \frac{\quad}{\quad} = \frac{4}{10}$ h) $\frac{11}{12} - \frac{\quad}{\quad} = \frac{4}{12}$

Proportionale Zuordnungen
Ware – Preis – Tabellen

1 Ergänze die Preise für Farbabzüge.

a) Standard

Stück	Preis (€)
1	
2	
3	
4	
5	

b) Super

Stück	Preis (€)
1	
2	
3	
4	
5	

c) Maxi

Stück	Preis (€)
1	
2	
3	
4	
5	

2 Ergänze die Preise für Farbabzüge.

a) Standard

Stück	Preis (€)
10	
20	
30	

b) Super

Stück	Preis (€)
10	
20	
30	

c) Maxi

Stück	Preis (€)
10	
20	
30	

3 Ergänze die Preise für CD-Hüllen.

a) Standard

Stück	Preis (€)
4	
2	
1	

b) Super

Stück	Preis (€)
4	
2	
1	

c) Extra

Stück	Preis (€)
6	
2	
1	

4 a)

Preis: ____________

b)

Preis: ____________

c)

Preis: ____________

Ware – Preis – Tabellen

1 Ergänze die Preise.

a) Paradies-Salat

g	Preis (€)
100	
200	
300	
400	
500	

b) Mexiko-Salat

g	Preis (€)
100	
200	
300	
400	
500	

c) Asia-Salat

g	Preis (€)
100	
200	
300	
400	
500	

d) Kräuterquark

g	Preis (€)
100	
200	
300	
400	
500	

e) Früchtetraum

g	Preis (€)
100	
200	
300	
400	
500	

f) Götterspeise

g	Preis (€)
100	
200	
300	
400	
500	

2 Wie viel Euro zahlen die Kunden?

a)

800 g Emmentaler

b)

900 g Schweizerkäse

c)

600 g Ziegenkäse

3

a) Emmentaler

g	Preis (€)
400	
200	
100	

b) Schweizerkäse

g	Preis (€)
300	
100	
50	

c) Ziegenkäse

g	Preis (€)
200	
100	
50	

1 Wie viel Kilometer werden nach der Pause zurückgelegt?

a)

	Std	km	
	3	12	
: 3	1		: 3
· 2	2		· 2

b)

Std	km

c)

Std	km

2 Wie viel Liter Benzin werden verbraucht?

a)

	km	l	
	200	14	
: 2	100		: 2
· 3	300		· 3

b)

km	l
300	24
100	
400	

c)

km	l
200	22
100	
900	

3

a) Reis

Packungen	g
3	1 200
1	
5	

b) Kakao

Packungen	g
4	800
1	
7	

c) Rosinen

Packungen	g
4	1 000
1	
5	

d) Spagetti

Packungen	g
3	1 200
1	
4	

e) Haferflocken

Packungen	g
4	800
1	
3	

f) Müsli

Packungen	g
5	1 000
1	
4	

4

a)

Stück	€
8	2,40
1	
3	

b)

Stück	€

c)

Stück	€

Dreisatz

1 Ergänze die fehlenden Preise.

a) Kirschen

kg	€
5	19,50
1	
7	

b) Milch

l	€
4	2,52
1	
5	

c) Vitaminsaft

l	€
4	3,08
1	
9	

2 Schreibe das Rezept um für 6 Personen.

Rote Grütze für 4 Personen

1 l Kirschsaft

100 g Zucker

60 g Sago

Rote Grütze für 6 Personen

Kirschsaft

Personen	l
4	
1	
6	

Zucker

Personen	g

Sago

Personen	g

3 Ergänze die fehlenden Preise. Rechne in deinem Heft.

a) Äpfel

kg	€
2	3,98
1	
5	

b) Birnen

kg	€
3	5,94
1	
5	

c) Kirschsaft

l	€
3	2,07
1	
2	

1

a) **Aktenordner**

Preishammer		Bürowelt	
Stück	€	Stück	€
3		2	
6		6	

Unterschied: ______________ €

b) **Marker**

Preishammer		Bürowelt	
Stück	€	Stück	€
4		6	
12		12	

Unterschied: ______________ €

c) **Batterien**

Preishammer		Bürowelt	
Stück	€	Stück	€
3		4	
12		12	

Unterschied: ______________ €

d) **Papier**

Preishammer		Bürowelt	
Stück	€	Stück	€
400		500	
2000		2000	

Unterschied: ______________ €

2 Die Mengen sind gleich, die Preise sind verschieden.

Gesamtpreis: ______________

Gesamtpreis: ______________

Gesamtpreis: ______________

3 Im Supermarkt kosten 3 kg Waschpulver 4,35 €. Kreuze an, was stimmt.

☐ 1 kg kostet mehr als 1,50 €. ☐ 1 kg kostet 1,30 €. ☐ 1 kg kostet 1,45 €.

Prozentrechnung
Darstellen von Prozentsätzen

1 Gib den Anteil als Hundertstelbruch und als Prozent an.

a)
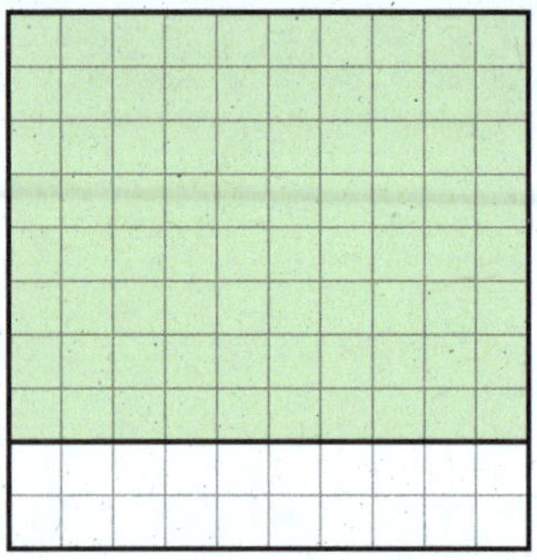
$\frac{\quad}{100}$ = ____ %

b)
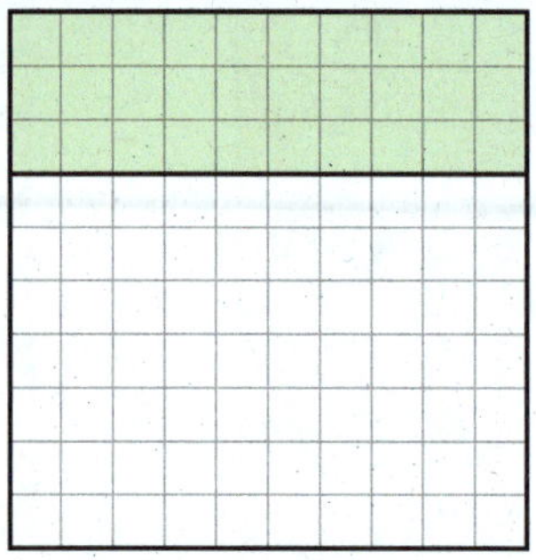
$\frac{\quad}{100}$ = ____ %

c)
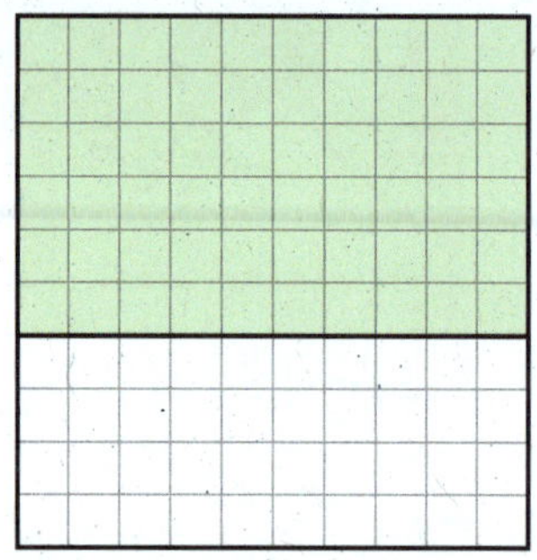
$\frac{\quad}{100}$ = ____ %

d)
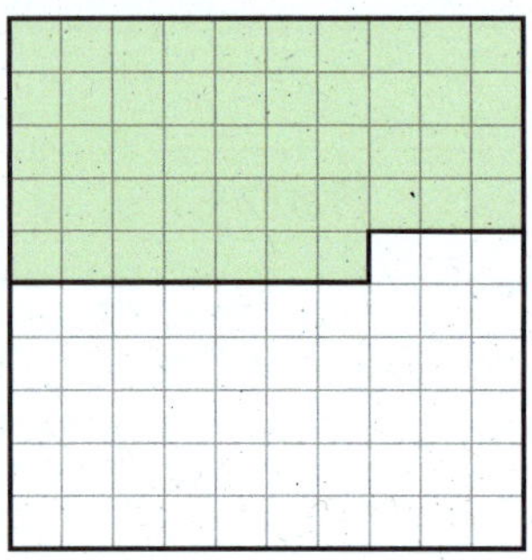
$\frac{\quad}{100}$ = ____ %

e)
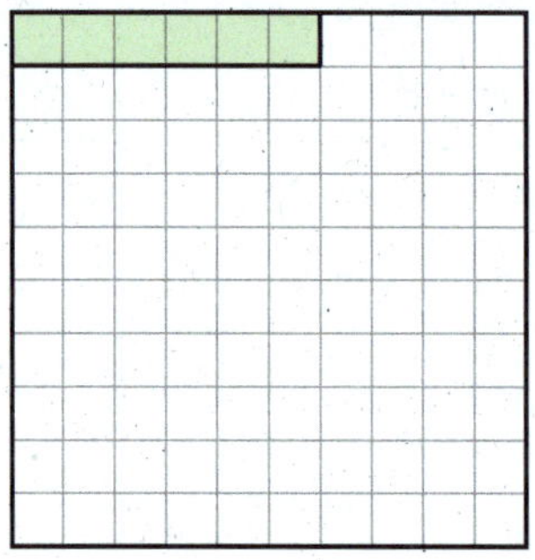
$\frac{\quad}{100}$ = ____ %

f)
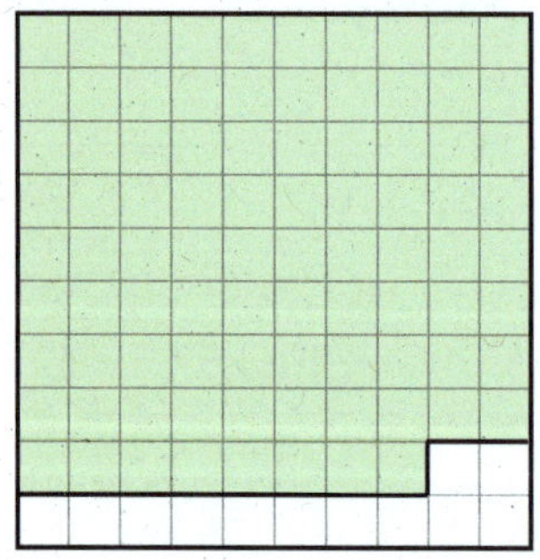
$\frac{\quad}{100}$ = ____ %

2 Färbe im Hunderterfeld.
Gib den Anteil als Hundertstelbruch an.

a)
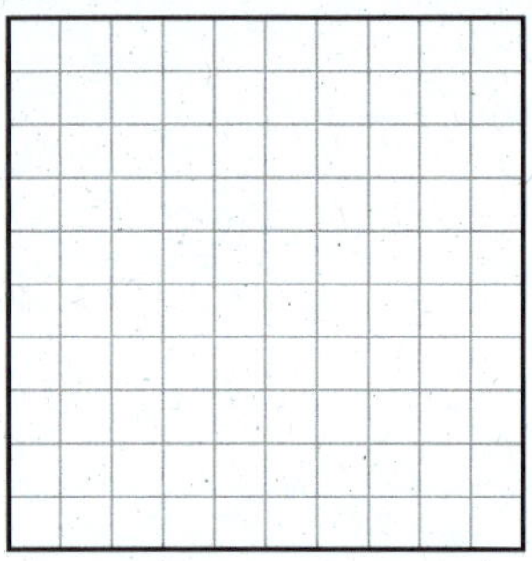
70 % = $\frac{\quad}{100}$

b)
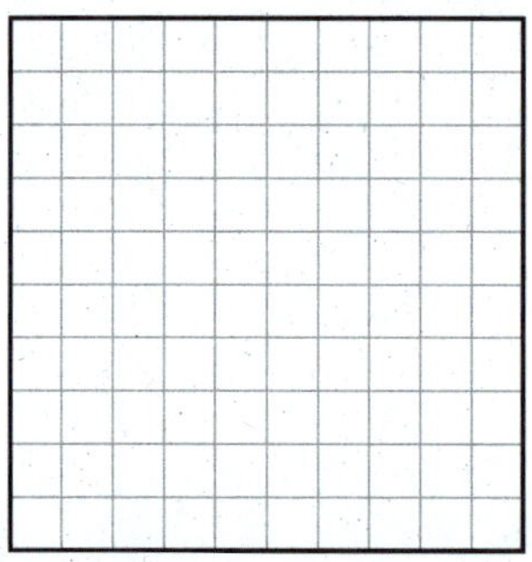
20 % = $\frac{\quad}{100}$

c)
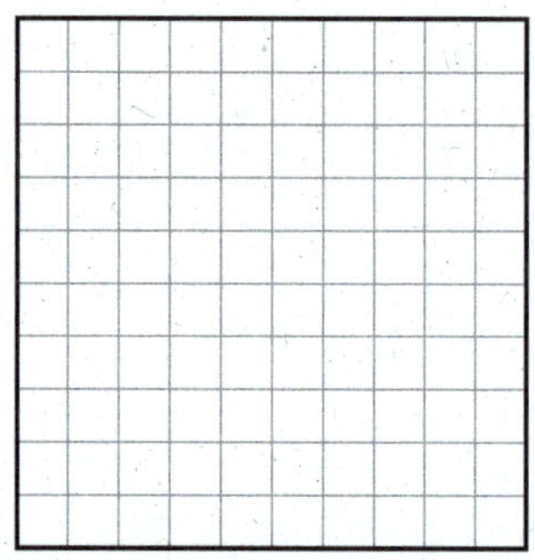
90 % = $\frac{\quad}{100}$

d)
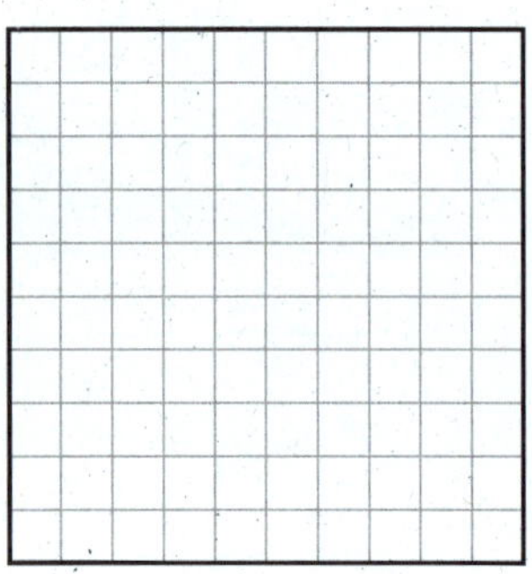
38 % = $\frac{\quad}{100}$

e)
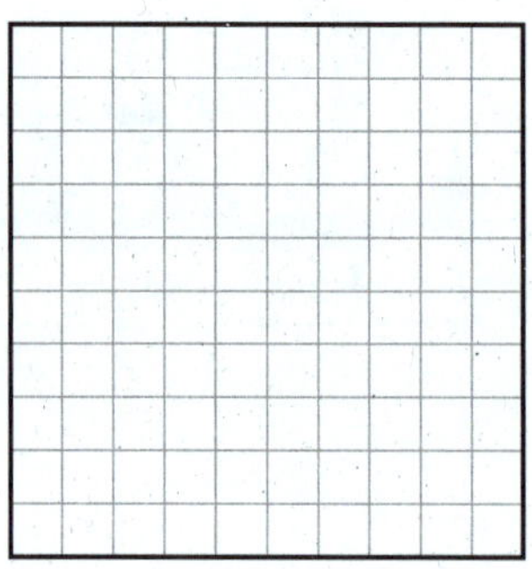
64 % = $\frac{\quad}{100}$

f)
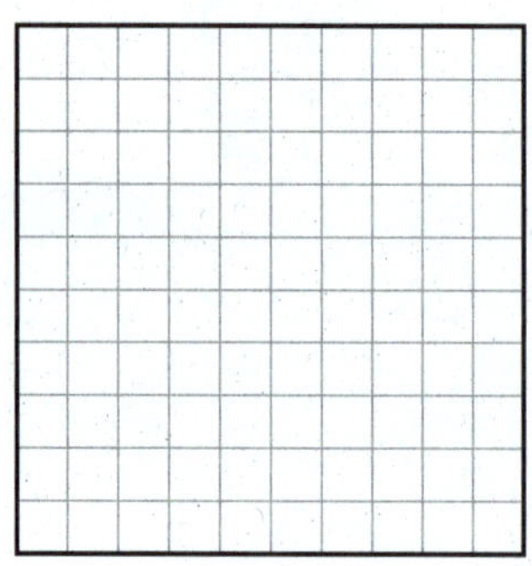
99 % = $\frac{\quad}{100}$

3 Schreibe mit dem Prozentzeichen und als Hundertstel.

7 Prozent: ____ = ——   31 Prozent: ____ = ——   59 Prozent: ____ = ——

1 Welcher Bruchteil ist gefärbt? Färbe im Hunderterfeld denselben Bruchteil.

a)

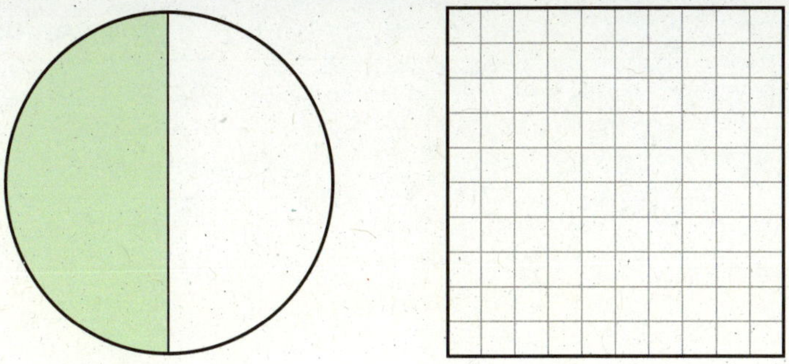

$\frac{}{} = \frac{}{100} =$ ___ %

b)

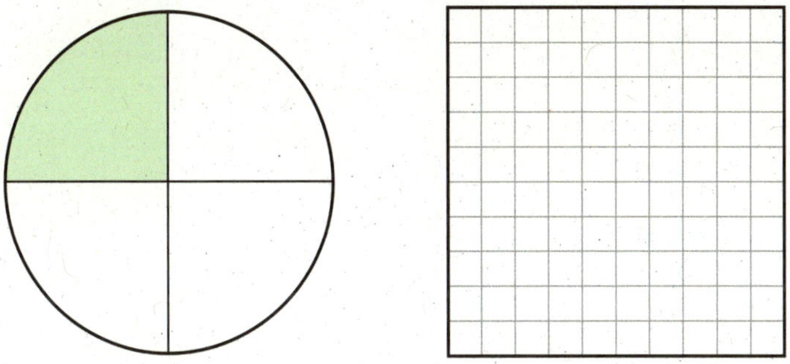

$\frac{}{} = \frac{}{100} =$ ___ %

c)

$\frac{}{} = \frac{}{100} =$ ___ %

2 Schreibe zu jedem Prozentsatz den Hundertstelbruch. Kürze so weit wie möglich.

a) $30\,\% = \frac{}{100} =$ ___ b) $60\,\% = \frac{}{100} =$ ___ c) $75\,\% = \frac{}{100} =$ ___ d) $5\,\% = \frac{}{100} =$ ___

3 Ergänze die Tabelle.

Bruch	$\frac{1}{2}$	$\frac{1}{4}$				$\frac{9}{10}$
Hundertstelbruch	$\frac{50}{100}$		$\frac{10}{100}$		$\frac{75}{100}$	
Prozentsatz	50 %			20 %		

4 Immer zwei Angaben gehören zum selben Anteil. Färbe mit gleicher Farbe.

a) 50 % | $\frac{1}{100}$ | 10 % | $\frac{1}{2}$ | 1 % | $\frac{1}{10}$ | 75 % | $\frac{3}{4}$

b) 25 % | $\frac{7}{10}$ | $\frac{1}{5}$ | 20 % | 70 % | $\frac{1}{4}$ | 5 % | $\frac{5}{100}$

Berechnen des Prozentwertes

1

a) 7 % von 300 Mofas

	%	Mofas	
	100	300	
: 100 ↓	1		↓ : 100
· 7 ↓	7		↓ · 7

_____ Mofas

b) 8 % von 700 Autos

	%	Autos	
↓			↓
↓			↓

_____ Autos

c) 9 % von 200 Mopeds

	%	Mopeds	
↓			↓
↓			↓

_____ Mopeds

d) 30 % von 800 Besuchern

	%	Besucher	
↓			↓
↓			↓

_____ Besucher

e) 12 % von 400 Zuschauern

	%	Zuschauer	
↓			↓
↓			↓

_____ Zuschauer

f) 41 % von 500 Hörern

	%	Hörer	
↓			↓
↓			↓

_____ Hörer

2

a)

	von 100 m	von 300 m
1 %		
7 %		
9 %		

b)

	von 200 kg	von 500 kg
1 %		
12 %		
15 %		

c)

	von 500 €	von 600 €
30 %		
70 %		

d)

	von 900 g	von 700 g
80 %		
81 %		

3 Wie viel g Zucker sind in 100 g der Waren enthalten?

Milchschokolade _____ g Weiße Schokolade _____ g

Schokokuss _____ g Schokoladeneis _____ g

Trinkschokolade _____ g Instant-Kakao _____ g

Zuckergehalt	
Milchschokolade	50 %
Weiße Schokolade	55 %
Schokokuss	65 %
Schokoladeneis	14 %
Trinkschokolade	10 %
Instant-Kakao	78 %

1 Ordne die Waren ein.

Ersparnis mehr als 50 % des alten Preises.	Ersparnis weniger als 50 % des alten Preises.

2 a)

	von 400 km	von 800 km
50 %		
25 %		
10 %		

b)

	von 480 kg	von 840 kg
50 %		
25 %		
10 %		

3 Ordne die Ergebnisse der Größe nach. Beginne mit dem kleinsten Ergebnis.

a)
10 % von 300 € = ________ I
50 % von 70 € = ________ M
10 % von 400 € = ________ A
25 % von 80 € = ________ R
1 % von 100 € = ________ P

Lösungswort: ________________

b)
25 % von 1 000 € = ________ P
1 % von 9 800 € = ________ S
25 % von 840 € = ________ U
10 % von 3 500 € = ________ R
50 % von 680 € = ________ E

Lösungswort: ________________

4 Berechne den ermäßigten Eintrittspreis. Schreibe in dein Heft.

a)
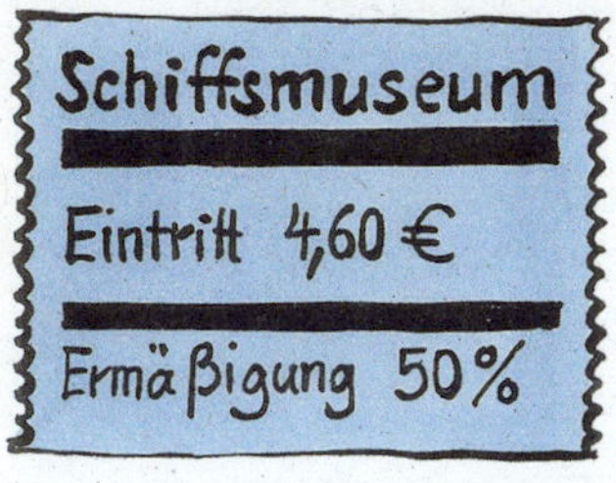

b)

c)

Alter Preis – neuer Preis

1 Berechne immer die Preissenkung und den ermäßigten Preis.

a) Jogging-Anzug

%	€

Preissenkung: ____________

Neuer Preis: ____________

b) Sweatshirt

%	€

Preissenkung: ____________

Neuer Preis: ____________

c) Badehose

%	€

Preissenkung: ____________

Neuer Preis: ____________

d) Lauf-Schuhe

%	€

Preissenkung: ____________

Neuer Preis: ____________

2 Alle Preise werden um 3 % erhöht. Rechne im Heft.
Trage in die Tabelle ein.

Alter Preis	1 000 €	6 000 €	3 800 €	72 000 €	50 200 €
Erhöhung					
Neuer Preis					

3 Berechne die Preissenkung und den neuen Preis. Schreibe in dein Heft.

a) **Trimm-Gerät**
Bisher 370 €
Jetzt 20% weniger

b) **Schlauchboot**
Bisher 490 €
Jetzt 30% weniger

c) **Fahrrad**
Bisher 560 €
Jetzt 25% weniger

Würfel und Quader – Volumen
Schrägbilder zeichnen

1 Übertrage und vergrößere das Schrägbild.

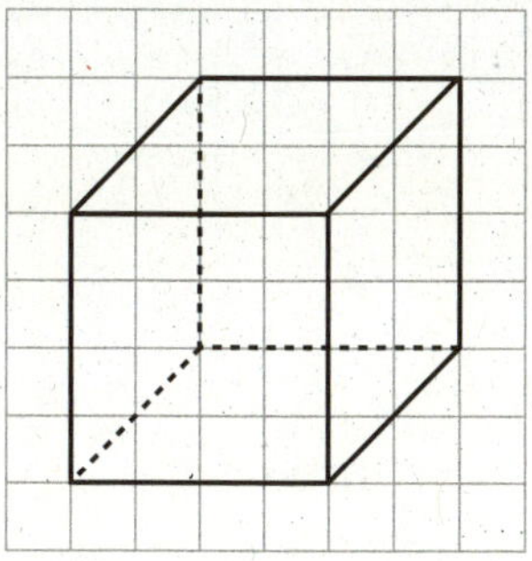

2 Ergänze die fehlenden Kanten. Färbe parallele Kanten in den gleichen Farben.

a)

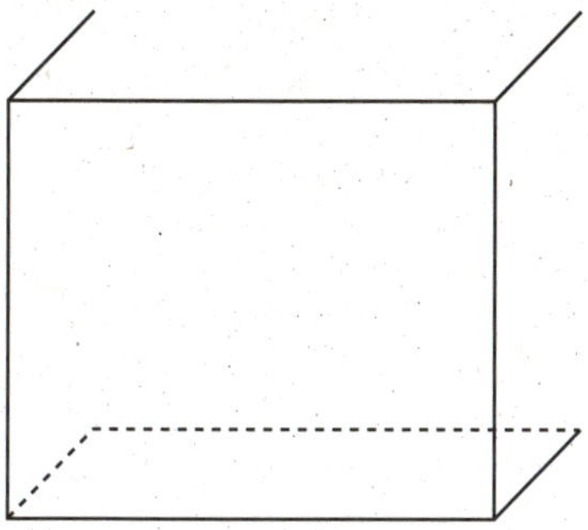

b)

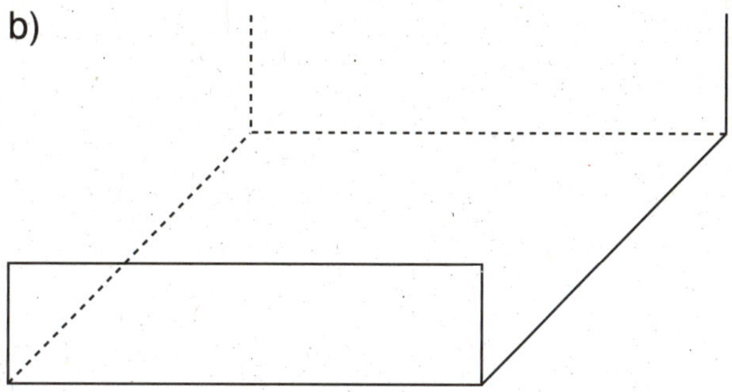

c)

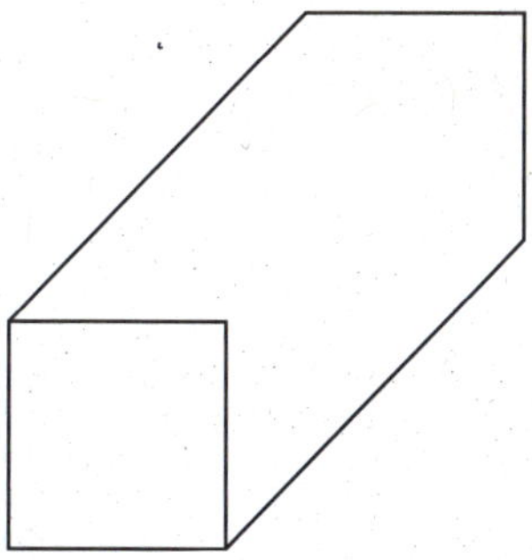

d)

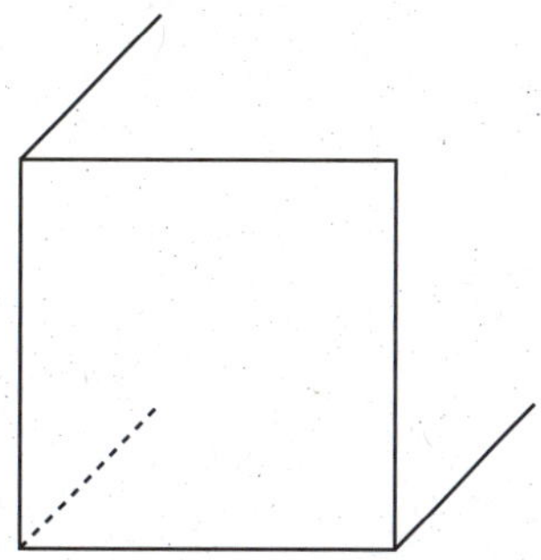

3 Wie viel Draht wird zum Erstellen des Modells benötigt?
Rechne in deinem Heft. Notiere das Ergebnis hier.

a)

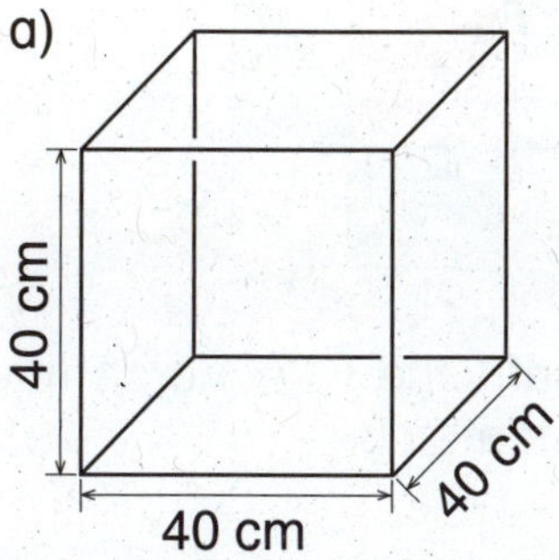

____

b)

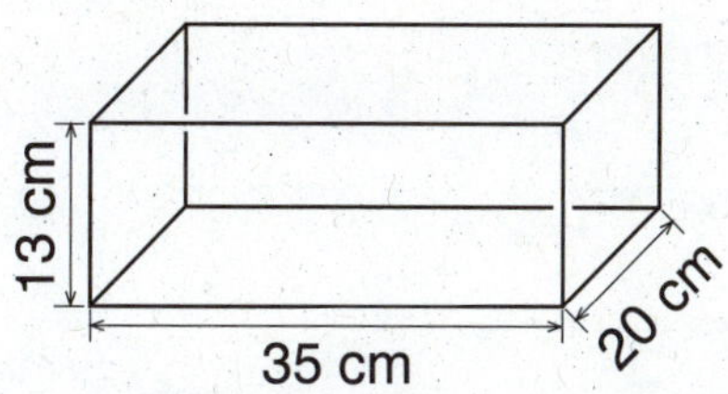

____

c)

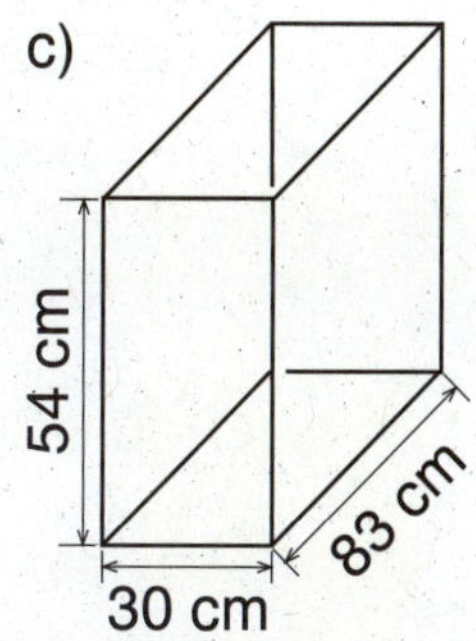

____

Quadernetze und Oberfläche des Quaders

1 Welche Netze ergeben einen Quader? Kreuze an.

a)
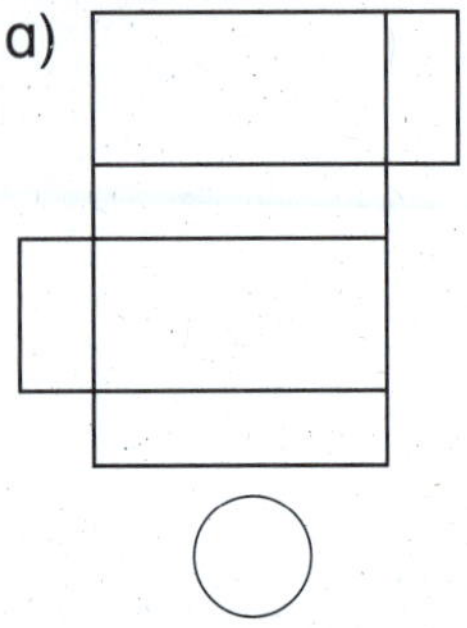

b)
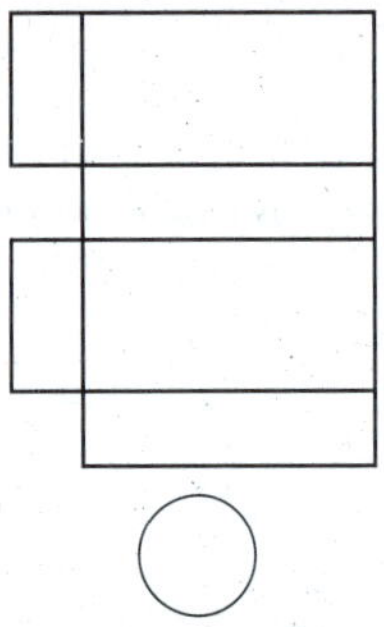

c)
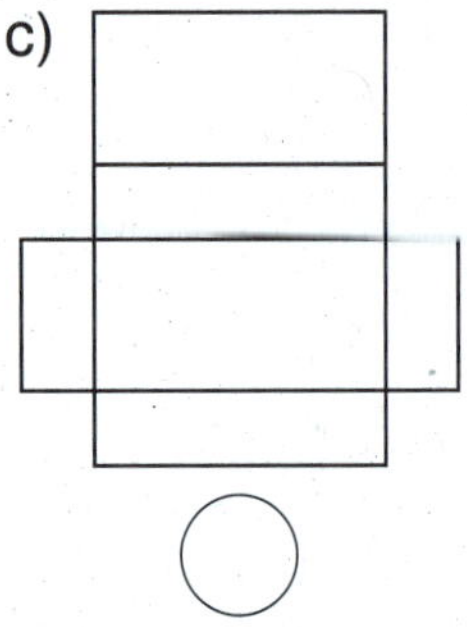

d)
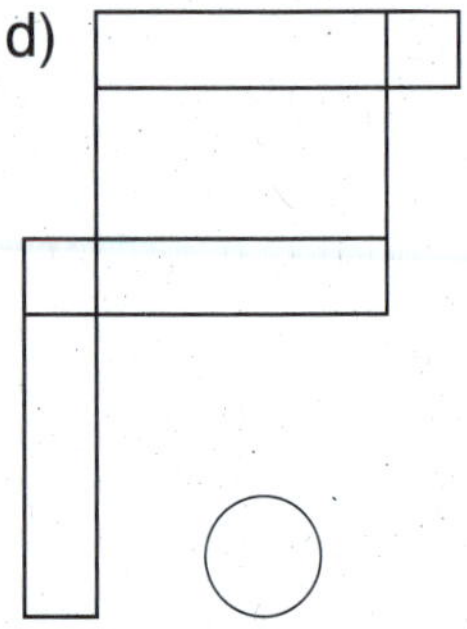

2 Ergänze die fehlende Fläche, so dass ein Quadernetz entsteht.
Färbe Flächen, die sich im Quader gegenüber liegen, in der gleichen Farbe.

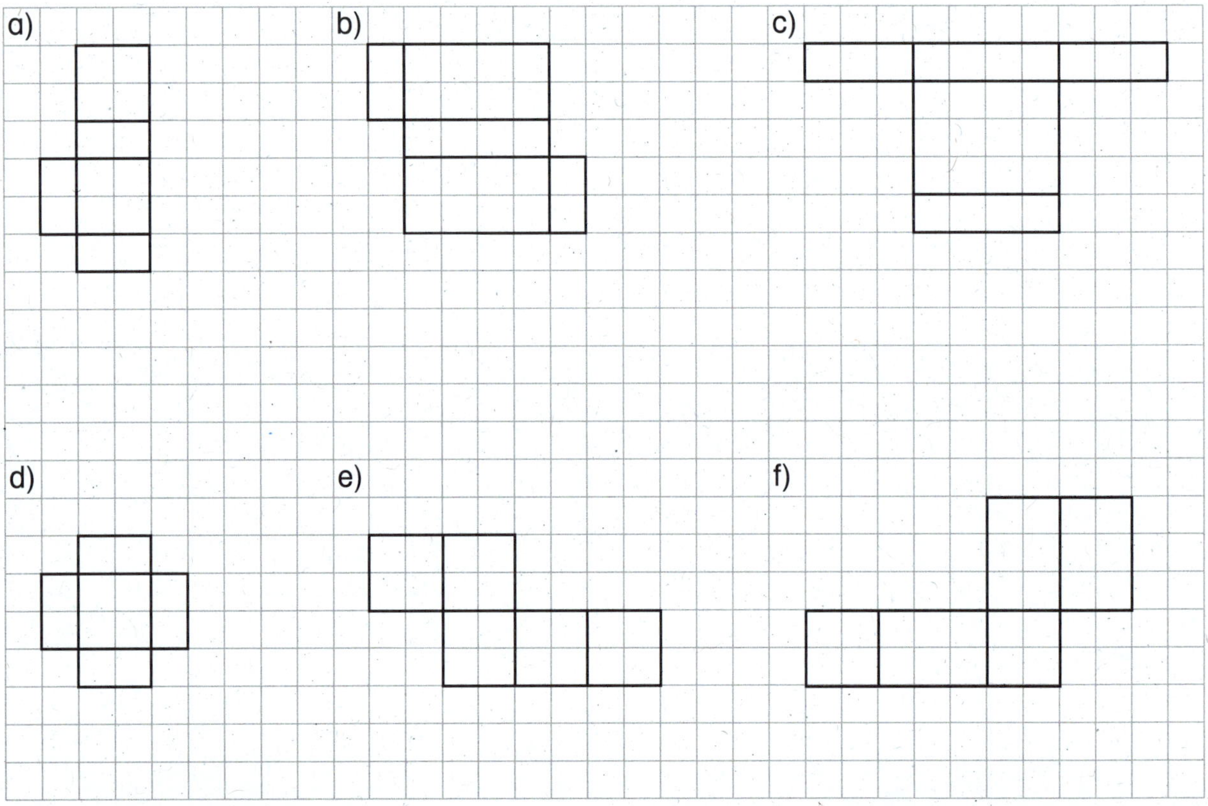

3 Berechne die Oberfläche.

a)

O = 6 · Seitenfläche

O = ______________________

O = ______________________

b)
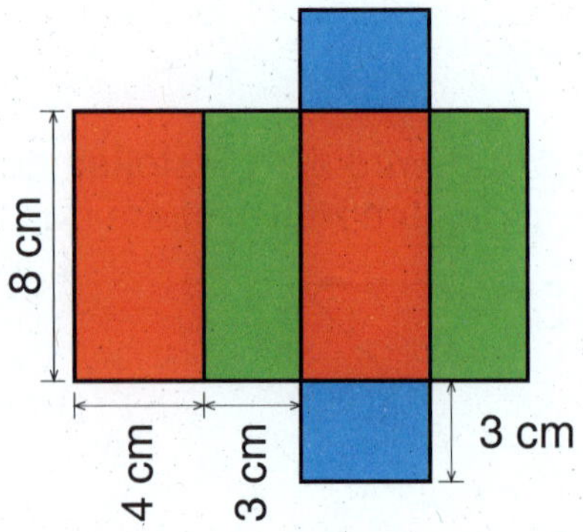

O = 2 · Grundfläche + 2 · Vorderfläche
+ 2 · Seitenfläche

O = ______________________

O = ______________________

1 Wie viele Würfel enthält der Körper?

a)

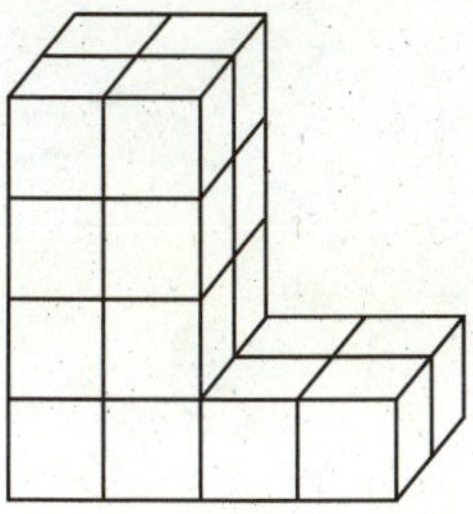

_______ Würfel

b)

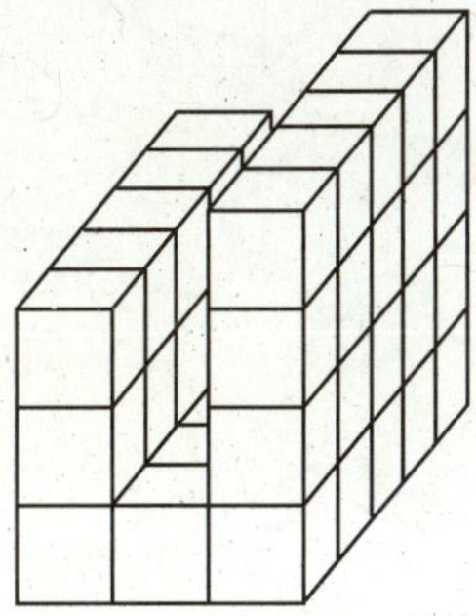

_______ Würfel

c)

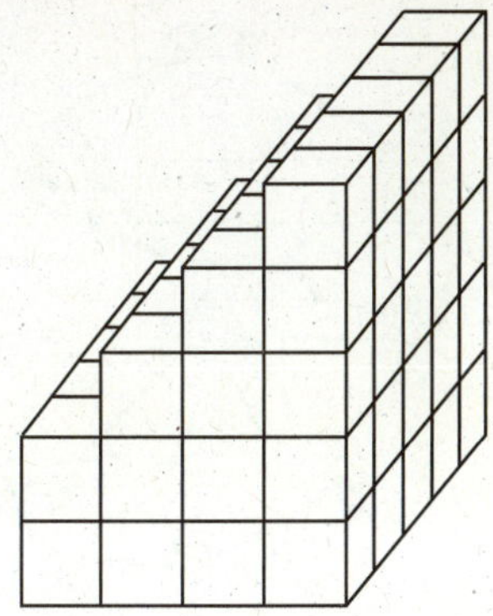

_______ Würfel

2 Wie viele Würfel passen in die Kiste?

a)

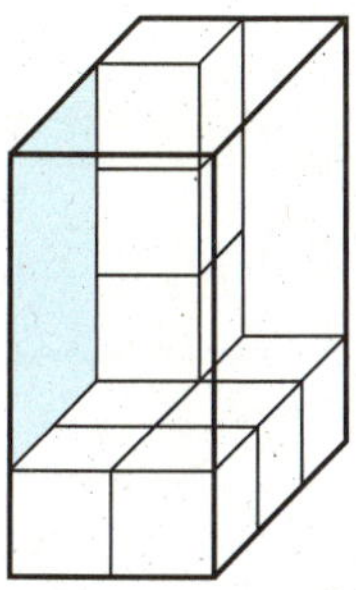

_______ Würfel

b)

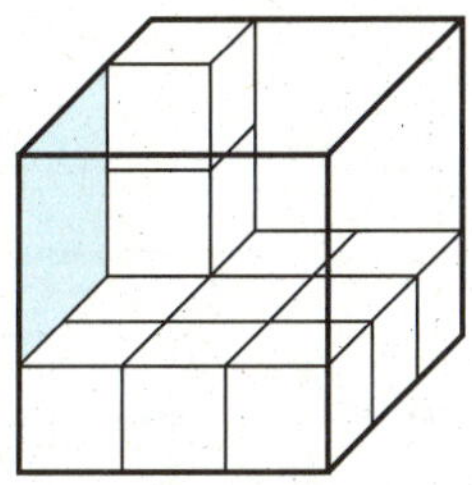

_______ Würfel

c)

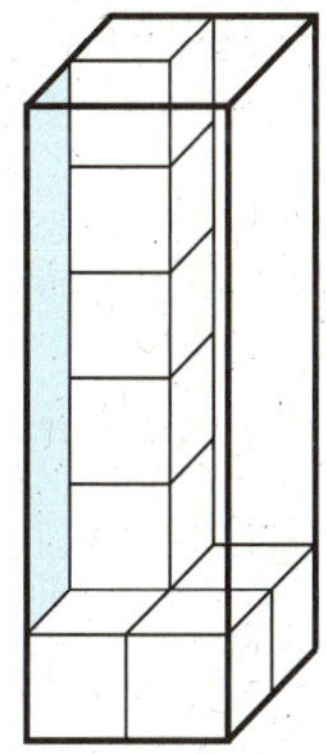

_______ Würfel

3 Berechne das Volumen der Körper.

a)

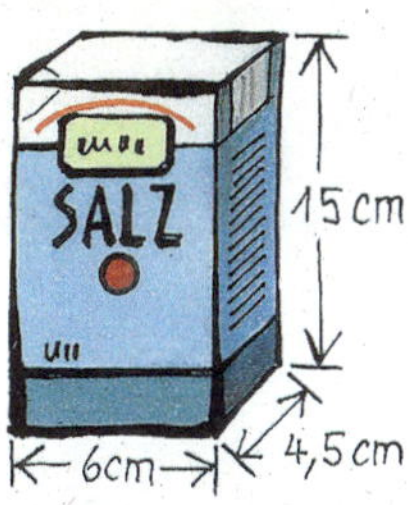

V = ______________

V = ______________

V = ______________

b)

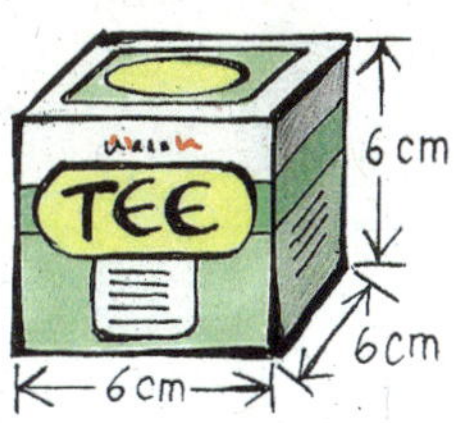

V = ______________

V = ______________

V = ______________

c)

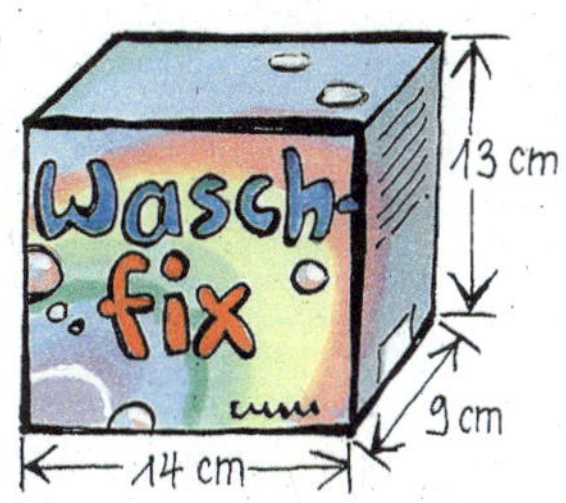

V = ______________

V = ______________

V = ______________

4 Berechne Volumen und Oberfläche des Containers.

V = ______________

V = ______________

V = ______________

O = ______________

O = ______________

O = ______________

Kubikzentimeter – Liter – Kubikmeter

1 Immer zwei Fische gehören zusammen. Färbe sie in der gleichen Farbe.

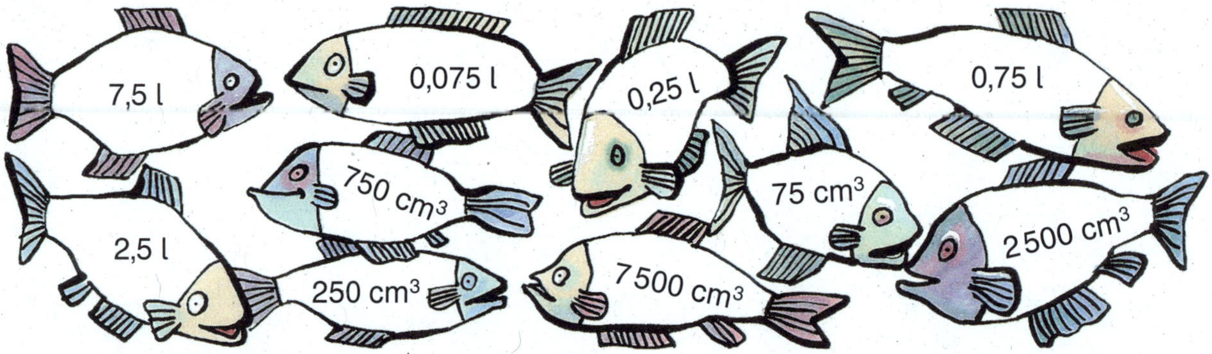

2 Forme um. Male die Ergebnisfelder farbig aus.

a)	b)	c)
7 000 cm^3 = ______ l	5 l = __________ cm^3	3 m^3 = ______ l
5 000 cm^3 = ______ l	12 l = __________ cm^3	14 m^3 = ______ l
2 500 cm^3 = ______ l	5,7 l = __________ cm^3	5,5 m^3 = ______ l
1 200 cm^3 = ______ l	0,9 l = __________ cm^3	0,8 m^3 = ______ l
500 cm^3 = ______ l	1,25 l = __________ cm^3	0,75 m^3 = ______ l

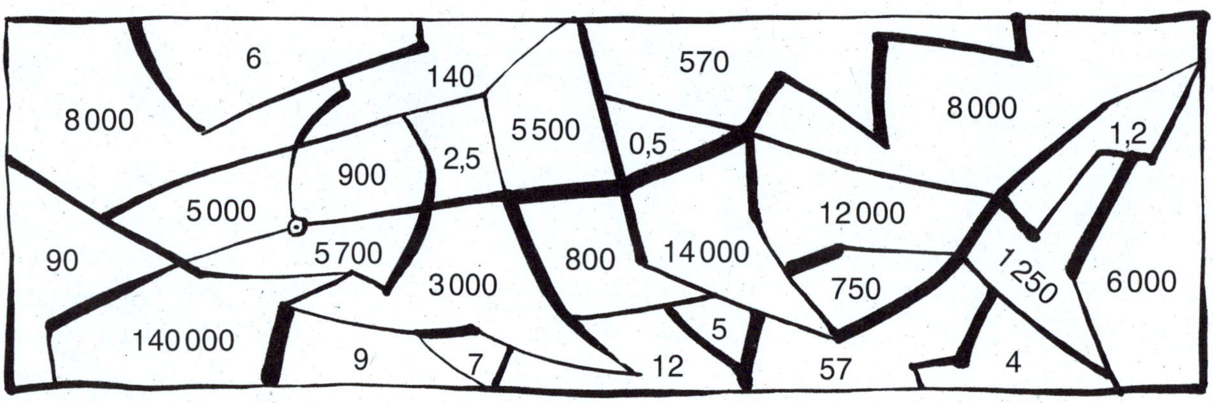

3 Kleiner, größer oder gleich? Setze ein: <; > oder =

a)	b)	c)
10 l ☐ 1 000 cm^3	4 000 l ☐ 4 m^3	$\frac{1}{2}$ l ☐ 5 cm^3
2 l ☐ 2 000 cm^3	7 900 l ☐ 79 m^3	$\frac{1}{4}$ l ☐ 250 cm^3
75 l ☐ 7 500 cm^3	500 l ☐ 5 m^3	$1\frac{1}{2}$ l ☐ 1 500 cm^3
530 l ☐ 530 cm^3	1 200 l ☐ 1,2 m^3	$\frac{3}{4}$ l ☐ 1 000 cm^3

4 Wie viel Liter Wasser fassen die Aquarien? Rechne in deinem Heft.

a)

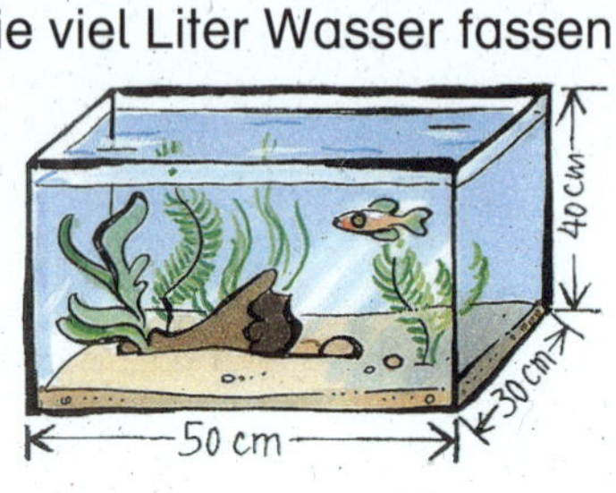

______ l

b)

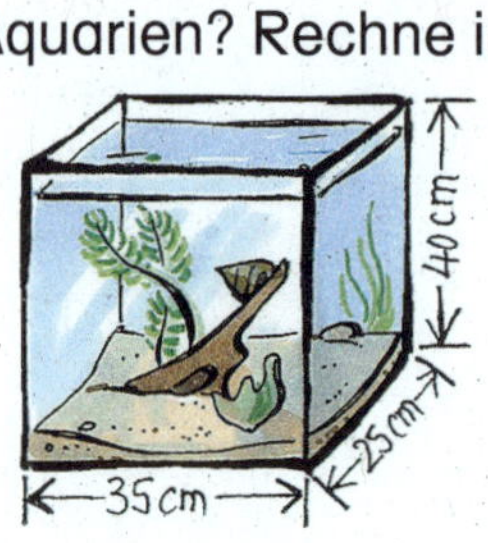

______ l

c)

______ l